Python岗课赛证融通实训教程

主　编◎魏建兵

副主编◎张　娟　马秦靖

重庆大学出版社

内容提要

本书共11个项目,包括Python环境的安装、基本语法、判断语句、循环控制、函数、高级数据类型、面向对象程序设计、文件操作、网络爬虫、数据可视化、职业院校技能大赛“Python程序开发”赛项赛题分析。

本书可作为高等职业院校Python程序设计课程的教材和参考书,也可作为对Python编程感兴趣的读者的入门参考书。

图书在版编目(CIP)数据

Python岗课赛证融通实训教程/魏建兵主编. --重庆:重庆大学出版社,2023.5

ISBN 978-7-5689-3882-2

Ⅰ.①P… Ⅱ.①魏… Ⅲ.①软件工具—程序设计—教材 Ⅳ.①TP311.561

中国国家版本馆CIP数据核字(2023)第085327号

Python岗课赛证融通实训教程

Python GANGKE SAIZHENG RONGTONG SHIXUN JIAOCHENG

主　编　魏建兵

副主编　张　娟　马秦靖

策划编辑:范　琪

责任编辑:秦旖旎　范　琪　　版式设计:范　琪

责任校对:关德强　　责任印制:张　策

*

重庆大学出版社出版发行

出版人:饶帮华

社址:重庆市沙坪坝区大学城西路21号

邮编:401331

电话:(023) 88617190　88617185(中小学)

传真:(023) 88617186　88617166

网址:http://www.cqup.com.cn

邮箱:fxk@cqup.com.cn (营销中心)

全国新华书店经销

重庆愚人科技有限公司印刷

*

开本:787mm×1092mm　1/16　印张:17.75　字数:446千

2023年5月第1版　2023年5月第1次印刷

ISBN 978-7-5689-3882-2　定价:65.00元

前言

本书以培养学生的实际动手能力为中心目标，将岗位技能要求、职业技能竞赛、职业技能等级证书标准有关内容有机融入，形成“岗课赛证”相融通的活页式教材。同时，融入党的二十大精神，落实立德树人根本任务，将思政元素与专业技术知识有机融合，每个项目围绕要完成的任务所需解决的问题导出对应的学习内容和知识点，然后讲解必要内容及解决问题的过程和步骤，再通过实例练习巩固、强化所学知识，即实现“教、学、做”一体化。

本书是一本“融媒体+项目化+课程思政”线上线下的特色教材，学生可通过智慧职教 MOOC 学院“Python 程序基础”进行线上学习。本书以“教、学、做”项目一体化的教学模式来展现教学内容和单元结构，做到“讲练结合、讲中练、练中学”，易于学习者消化和吸收所学内容，并锻炼实操能力，达到学以致用的目的。

本书共有 11 个项目，包括 Python 环境的安装、基本语法、判断语句、循环控制、函数、高级数据类型、面向对象程序设计、文件操作、网络爬虫、数据可视化、职业院校技能大赛“Python 程序开发”赛项赛题分析。

本书由甘肃林业职业技术学院的魏建兵担任主编，张娟、马秦靖担任副主编，姚丽娟、刘李姣、王锟参编。其中魏建兵负责编写项目 1、项目 2、项目 3、项目 4，张娟负责编写项目 5、项目 8，马秦靖负责编写项目 6，姚丽娟负责编写项目 7，王锟负责编写项目 9，刘李姣负责编写项目 10、项目 11，孙浩负责项目 9 程序调试工作。

由于编者水平有限，书中难免有不足之处，欢迎各位读者与专家批评指正。

编　者

2023 年 3 月

目录

项目 1
Python 环境的安装

【实训目标】

- 独立完成 Python 的安装。
- 会使用 PyCharm 新建 Python 文件。

【技能基础】

1.1 Python 概述

1.1.1 Python 的发展历程

Python 是一种面向对象的解释型计算机程序设计语言，由荷兰人吉姆·范罗苏姆于 1989 年发明，第一版发行于 1991 年。Python 也是纯粹的自由软件，源代码和解释器 CPython 遵循 GPL(GNU General Public License)，即 Python 是跨平台的开源软件，具有很好的移植性。

严格意义上来说，Python 是一门跨平台、开源、免费的解释型高级动态编程语言，同时支持伪编译将源代码转换为字节码来优化程序、提高运行速度和对源代码进行保密，并且支持使用 PyInstaller、Py2Exe 等工具将 Python 程序及其所有依赖库打包为扩展名为 exe 的可执行程序，使其脱离 Python 解释器环境和相关依赖库而在 Windows 平台上独立运行。

Python 支持命令式编程、函数式编程，完全支持面向对象程序设计语言，语法简单清晰，并且拥有大量的成熟扩展库，几乎支持所有领域的应用开发；也有人喜欢把 Python 称为“胶水语言”，因为它可以把多种不同语言编写的程序融合到一起实现无缝拼接，更好地发挥不同语言和工具的优势，满足不同应用领域的需求。

1.1.2 Python 的特点

(1)简单

最初创建 Python 语言的出发点就是为了便于学习。Python 的语法非常简单，甚至没有像其他语言的大括号、分号等特殊符号，表现了一种极简主义的设计思想。人们在阅读一个良好的 Python 程序时就感觉像是在读英语短文一样，尽管这个英语短文的语法要求非常严格。

(2) 易学

Python 上手非常快，学习曲线非常低，可以直接通过命令行交互环境来学习。Python 最大的优点是具有伪代码的本质，它使人们在开发 Python 程序时，专注的是解决问题，而不是弄明白语言本身。在计算机语言中，它可以说是最易读、最容易编写，也是最容易理解的。

(3) 免费、开源

Python 是 FLOSS(自由/开放源码软件)之一。简单地说，它的所有内容都是免费开源的，这意味着不需要花一分钱就可以免费使用 Python，还可以自由地发布这个软件的拷贝，阅读它的源代码，对它做改动，把它的一部分用于新的自由软件中。

(4) 自动内存管理

如果了解 C 语言、C++语言就会知道内存管理常带来很大麻烦，程序非常容易出现内存方面的漏洞。但是在 Python 中内存管理是自动完成的，用户可以专注于程序本身。

(5) 可移植性

由于它的开源本质，Python 已被移植到众多平台上。这些平台包括 Linux、Windows 等。

(6) 解释性

大多数计算机编程语言都是编译型的，在运行之前需要将源码编译为操作系统可以执行的二进制格式(0110 格式)，这样大型项目编译过程非常耗费时间，而 Python 语言写的程序不需要编译成二进制代码，可以直接从源代码运行程序。在计算机内部，Python 解释器把源代码转换成称为字节码的中间形式，然后再把它翻译成计算机使用的机器语言并运行。事实上，由于不再需要担心如何编译程序，如何确保连接转载正确的库等，使用 Python 变得更加简单。由于只需要把 Python 程序拷贝到另外一台计算机上，它就可以工作了，这也使得 Python 程序更加易于移植。

(7) 面向对象

Python 既支持面向过程编程，又支持面向对象编程。在“面向过程”的语言中，程序是由过程或仅仅是可重用代码的函数构建起来的。在“面向对象”的语言中，程序是由数据和功能组合而成的对象构建起来的。与其他语言如 C++和 Java 相比，Python 以一种非常强大又简单的方式实现面向对象编程。

(8) 可扩展性

Python 除了使用 Python 本身编写外，还可以混合使用 C 语言、Java 语言等编写。比如，用户需要一段关键代码运行得更快或者希望某些算法不公开，就可以把部分程序用 C 语言或者 C++语言编写，然后在 Python 程序中使用它们。

(9) 丰富的库

Python 本身具有丰富而且强大的库，而且由于 Python 的开源特性，第三方库也非常多。Python 标准库确实很庞大。它可以帮助用户处理各种工作，包括正则表达式、文档生成、单元测试、线程、数据库、网页浏览器、电子邮件、密码系统、图形用户界面和其他与系统有关的操作。只要安装了 Python，所有这些功能都是可用的。这被称作 Python 的“功能齐全”理念。除了标准库以外，还有许多其他高质量的库，如 wxPython、Twisted 和 Python 图像库等。

(10)规范的代码

Python 采用强制缩进的方式使得代码具有极佳的可读性。它确实非常适合用来学习编程，在全世界每天都有成千上万的专业人士在使用它。

1.1.3 Python 的应用领域

(1)Web 应用开发

Python 经常被用于 Web 开发。比如，通过 mod_wsgi 模块，Apache 可以运行用 Python 编写的 Web 程序。Python 定义了 WSGI 标准应用接口来协调 HTTP 服务器与基于 Python 的 Web 程序之间的通信。一些 Web 框架，如 Django、TurboGears、Web2Py、Zope 等，可以让程序员轻松地开发和管理复杂的 Web 程序。

(2)操作系统管理

在很多操作系统里，Python 是标准的系统组件。大多数 Linux 发行版以及 NetBSD、OpenBSD 和 Mac OS X 都集成了 Python，可以在终端下直接运行 Python。有一些 Linux 发行版的安装器使用 Python 语言编写，比如 Ubuntu 的 Ubiquity 安装器，RedHat Linux 和 Fedora 的 Anaconda 安装器。Gentoo Linux 使用 Python 来编写它的 Portage 包管理系统。Python 标准库包含了多个调用操作系统功能的库。通过 PyWin32 这个第三方软件包，Python 能够访问 Windows 的 COM 服务及其他 Windows API。使用 IronPython，Python 能够直接调用 Net Framework。一般说来，Python 编写的系统管理脚本在可读性、性能、代码重用度、扩展性几方面都优于普通的 shell 脚本。

(3)科学计算

NumPy、SciPy、Matplotlib 可以让 Python 程序员编写科学计算程序。

(4)桌面软件

PyQt、PySide、wxPython、PyGTK 是 Python 快速开发桌面应用程序的利器。

(5)服务器软件(网络软件)

Python 对各种网络协议的支持很完善，因此经常被用于编写服务器软件、网络爬虫。第三方库 Twisted 支持异步网络编程和多数标准的网络协议(包含客户端和服务器)，并且提供了多种工具，被广泛用于编写高性能的服务器软件。

(6)游戏

很多游戏使用 C++编写图形显示等高性能模块，而使用 Python 或者 Lua 编写游戏的逻辑、服务器。相较于 Python，Lua 的功能更简单，体积更小，而 Python 则支持更多的特性和数据类型。

1.2 Windows 安装 Python 开发环境

本书基于 Windows 平台开发 Python 程序，安装的版本是 3.9.0。

下面，将分步骤讲解如何在 Windows 平台下安装 Python 开发环境。

①首先，可以访问官方网站，选择 Windows 平台的安装包，具体如图 1-1 所示。选择 Python 3.9.0 下载，单击安装，选择安装方式，如图 1-2 所示。

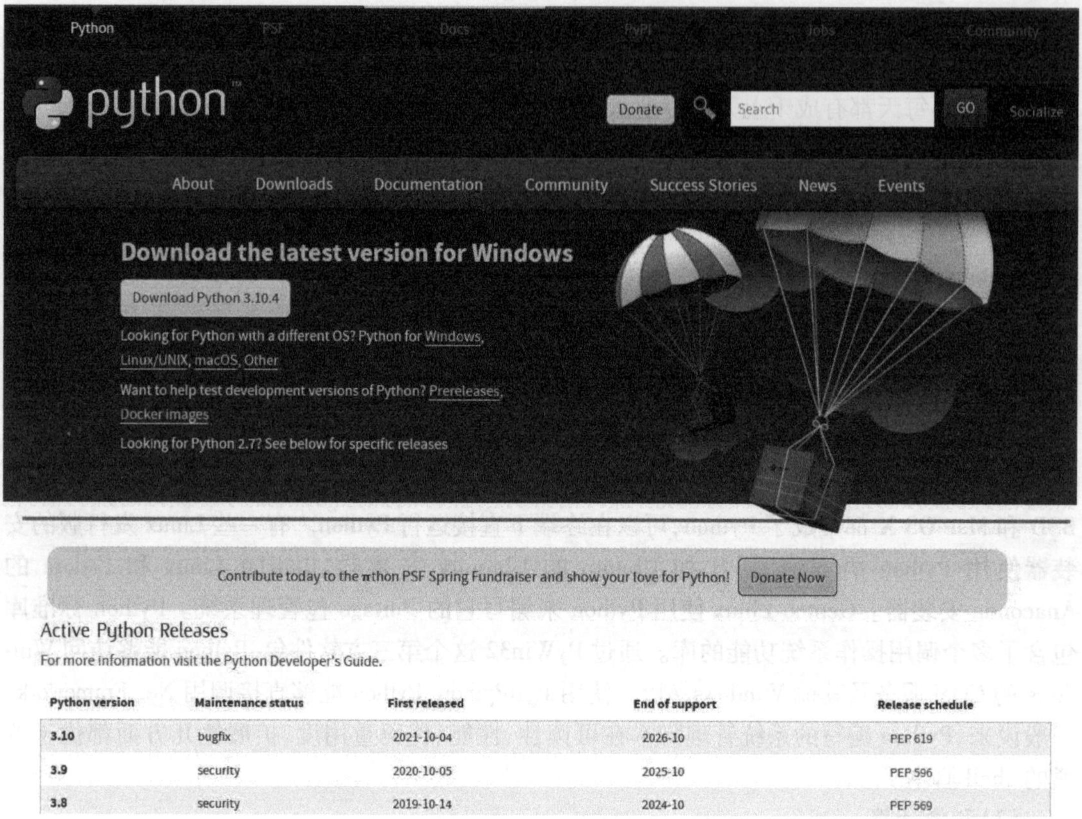

图 1-1　选择 Windows 平台的安装包

图 1-2　选择安装方式

第 1 种是“Install Now”，即采用默认的安装方式，不能自行指定安装的路径。

第 2 种是“Customize installation”，也就是自定义安装方式，可以自己选择软件的安装路径。记得勾选最下面一项，自动添加 Python 安装路径到环境变量，否则需要手动配置环境变量。这两种安装方式都可以。

②选择第 2 种安装方式，安装界面如图 1-3 所示，单击“Install”安装。

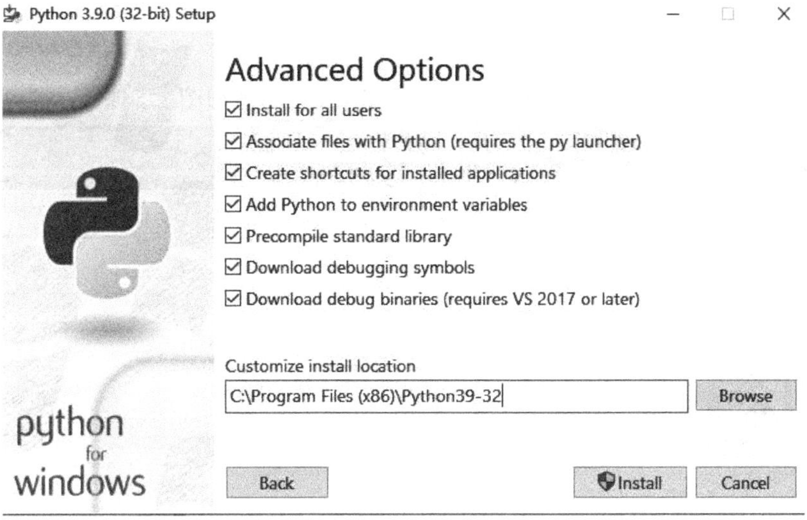

图 1-3　安装界面

③安装成功后的界面如图 1-4 所示。

图 1-4　安装成功界面

1.3　集成开发环境 PyCharm

PyCharm 是一个非常好用的 Python IDE，由 JetBrains 开发。

PyCharm 作为一个 IDE，它的功能有很多。比如，调试、语法高亮、Project 管理、代码跳转、智能提示、自动完成、单元测试、版本控制等。另外，PyCharm 还提供了一些很好的功能用于 Django 开发，同时支持 Google App Engine。值得一提的是，PyCharm 还能支持 IronPython。接下来，本节将针对 PyCharm 的下载安装和使用进行介绍。

1.3.1 PyCharm 的下载安装

访问 PyCharm 官方网站，进入 PyCharm 的下载页面，具体如图 1-5 所示。

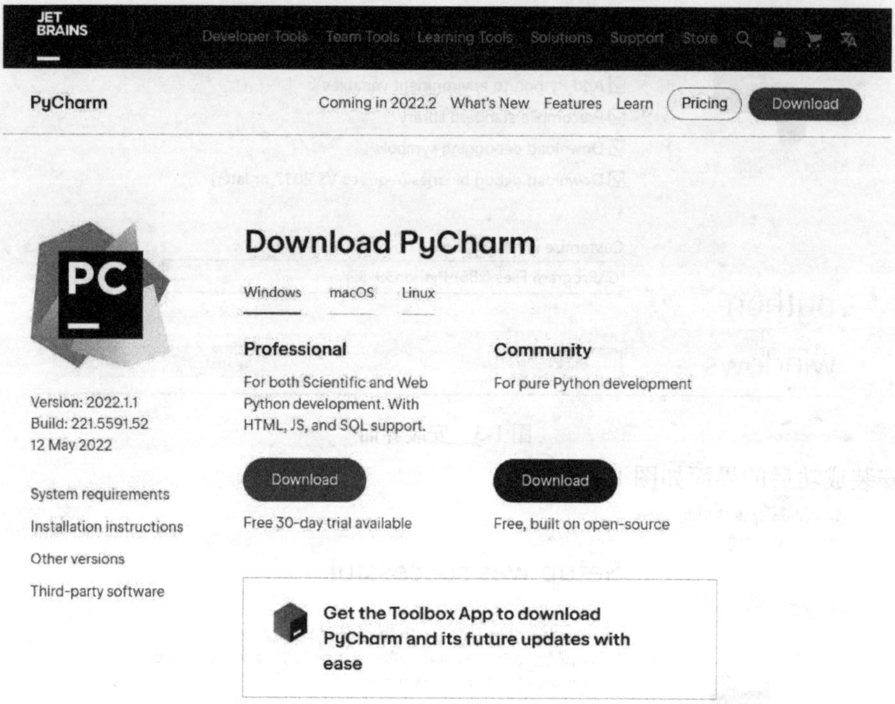

图 1-5　PyCharm 的下载页面

我们可以根据不同的平台下载 PyCharm，并且每个平台可以选择下载 Professional 和 Community 两个版本，这两个版本的特点如下。

- Professional 版本：

①提供 Python IDE 的所有功能，支持 Web 开发。

②支持 Django、Flask、Google App 引擎、Pyramid 和 web2py。

③支持 JavaScript、CoffeeScript、TypeScript、CSS 和 Cython 等。

④支持远程开发、Python 分析器、数据库和 SQL 语句。

- Community 版本：

①轻量级的 Python IDE，只支持 Python 开发。

②免费、开源、集成 Apache2 的许可证。

③智能编辑器、调试器，支持重构和错误检查，集成 VCS 版本控制。

建议读者使用和下载的是 Professional 版本。下载后，PyCharm 的安装过程也很简单，只需要运行安装程序，随着安装向导的提示一步一步往下操作即可。

以 Windows 为例，分步讲解如何安装 PyCharm，具体步骤如下。

①首先双击下载的 exe 安装文件，进入 PyCharm 的安装界面，如图 1-6 所示。

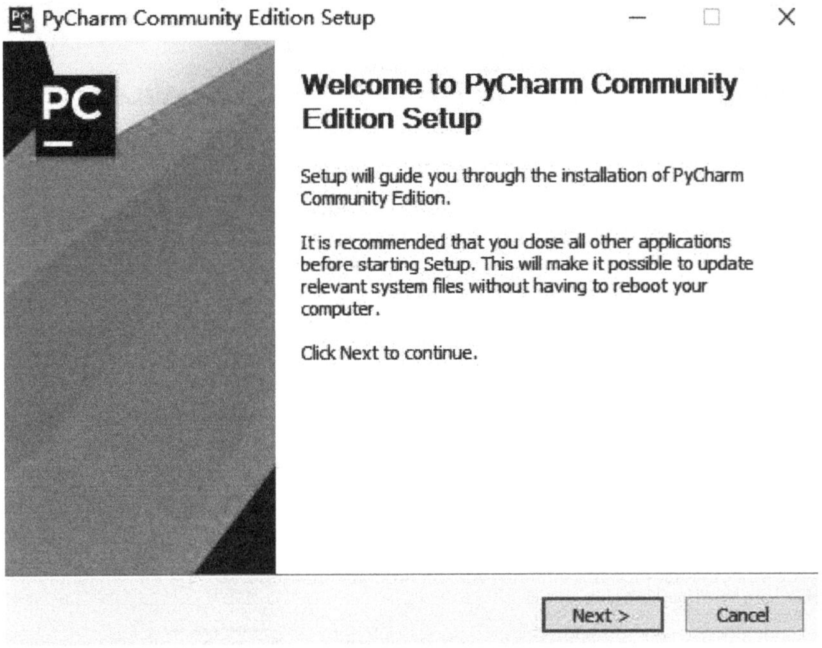

图 1-6　进入 PyCharm 的安装界面

②单击“Next”按钮，进入选择安装路径的界面，如图 1-7 所示。

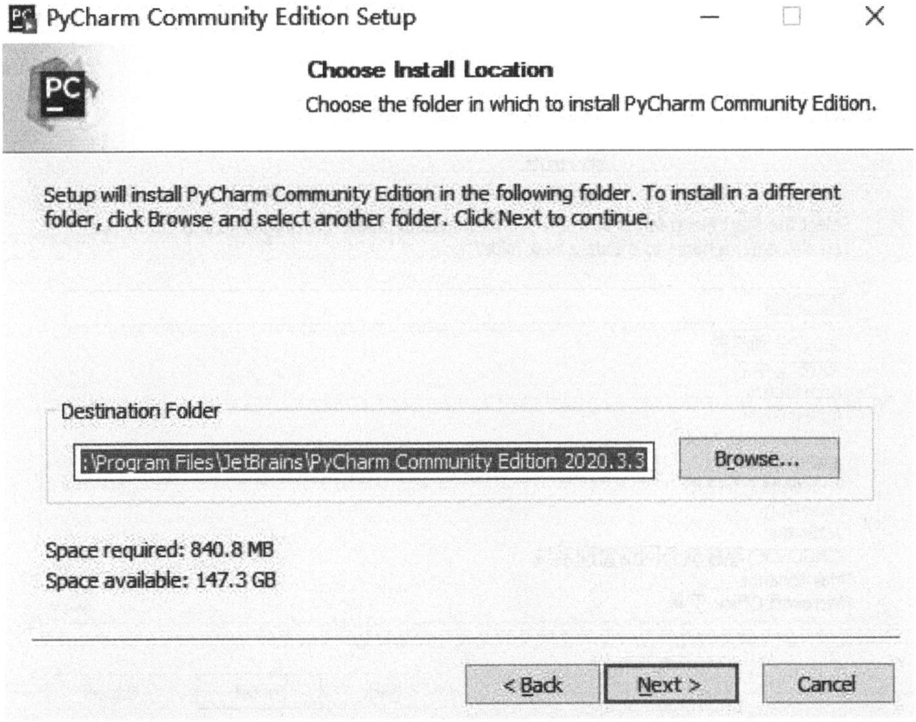

图 1-7　选择 PyCharm 的安装路径

③单击“Next”按钮，进入文件配置的界面，如图 1-8 所示。

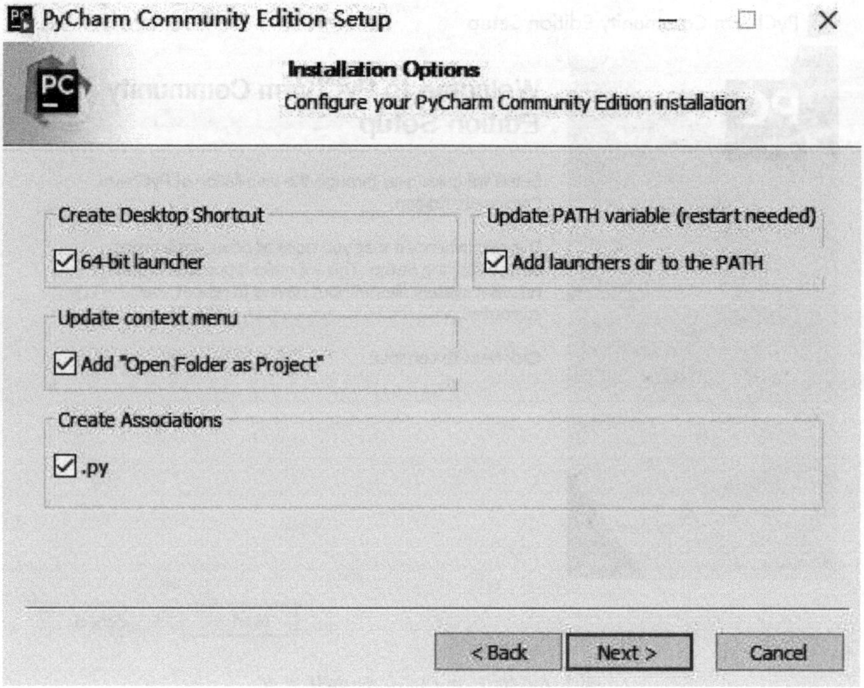

图 1-8 文件配置的界面

④单击“Next”按钮,进入界面,选择启动菜单,如图 1-9 所示。

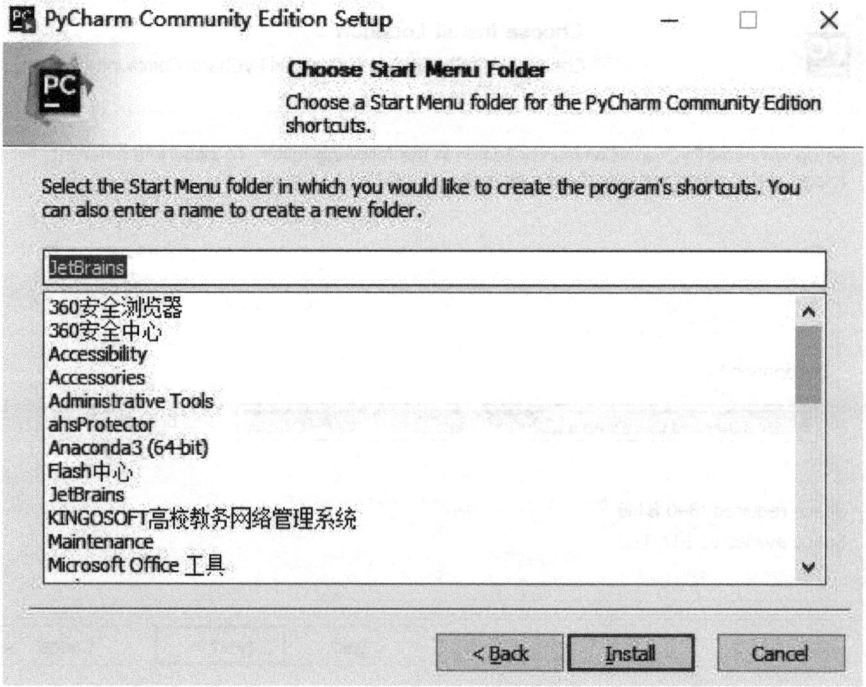

图 1-9 选择启动菜单

⑤单击“Install”按钮,开始安装 PyCharm,如图 1-10 所示。

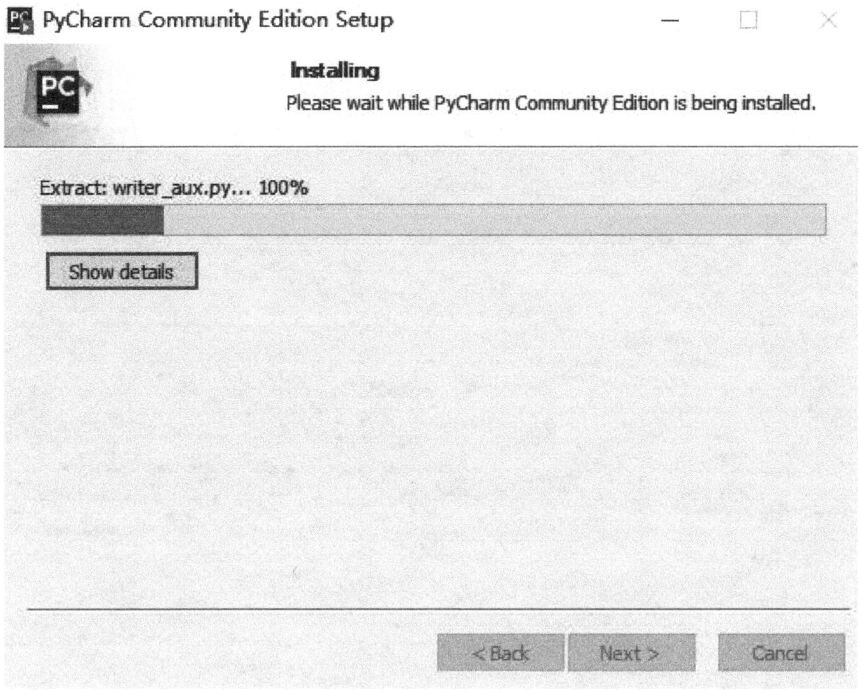

图 1-10　安装界面

⑥安装完成后的界面如图 1-11 所示。最后单击“Finish”按钮完成即可。

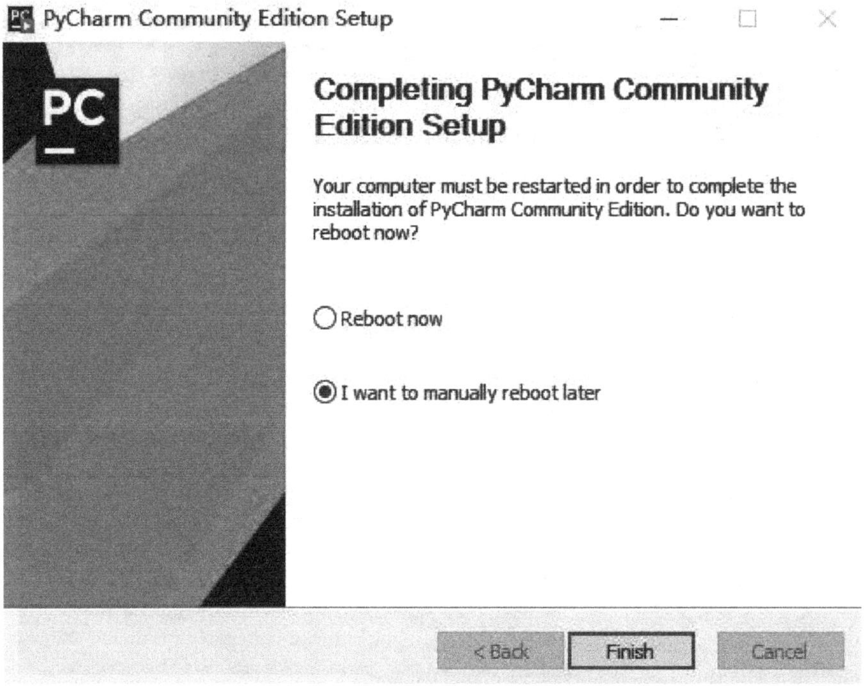

图 1-11　安装完成

1.3.2 Python 程序

进入启动 PyCharm 界面，选择“File”下“New Project...”创建项目，如图 1-12 所示。

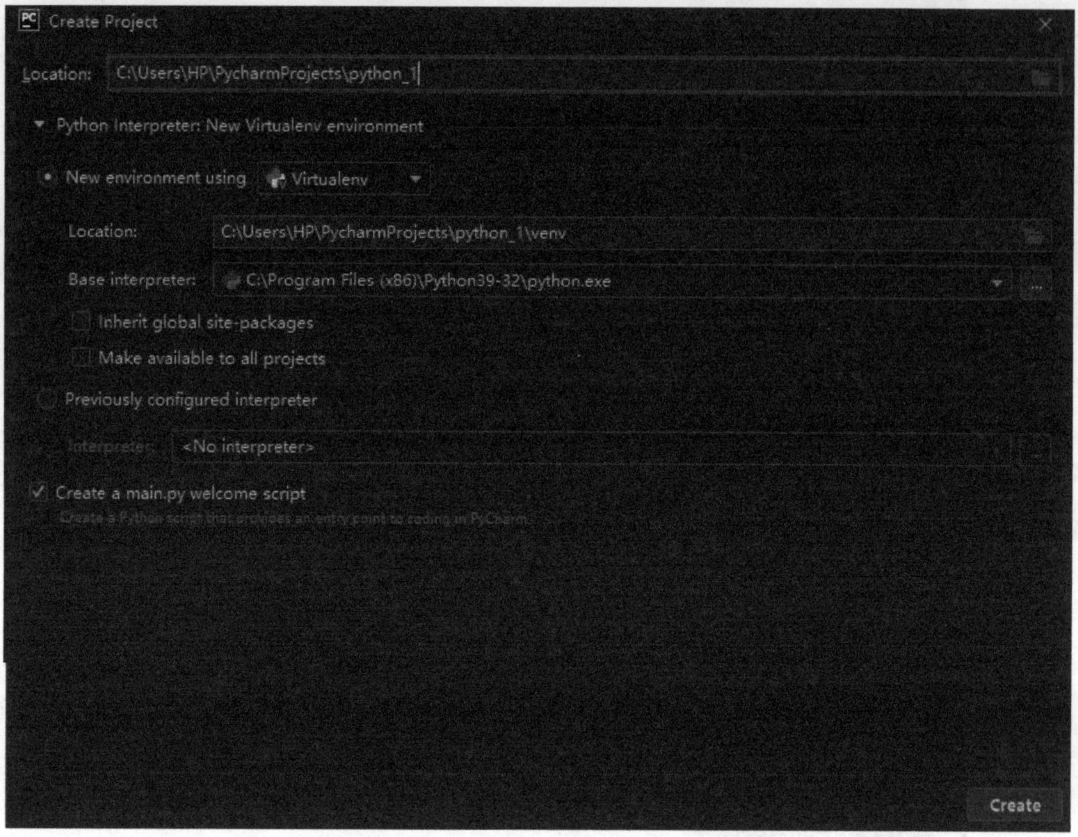

图 1-12　创建项目

右击“python_1”，选择“New”，然后单击“Python File”，新建 Python 文件，如图 1-13 所示，弹出“New Python file”，文件名为“hello”，如图 1-14 所示。

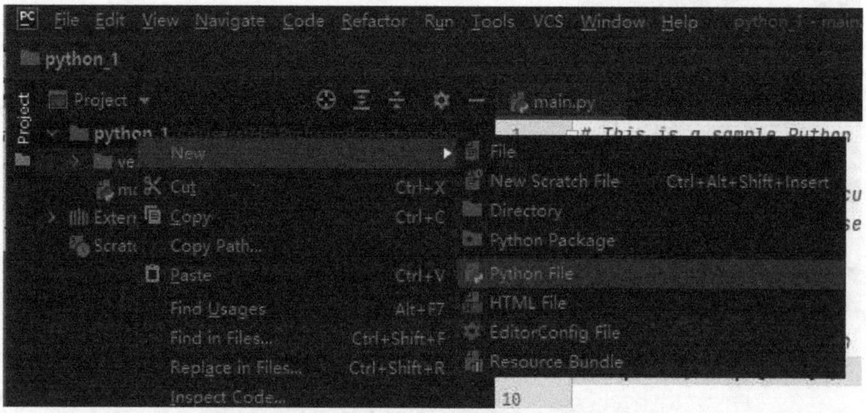

图 1-13　新建 Python 文件

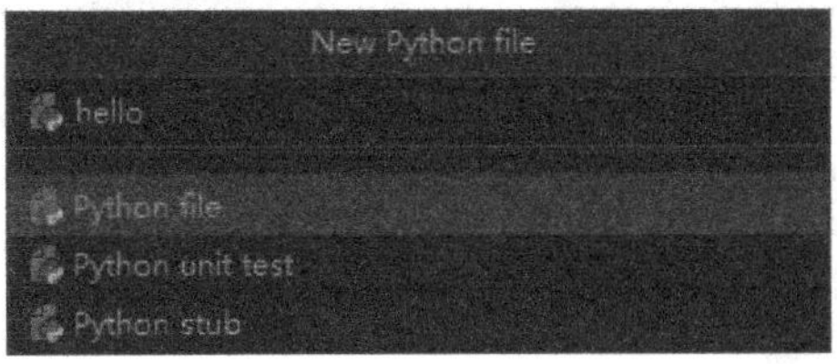

图 1-14　新建文件

单击回车键后,创建好的文件界面如图 1-15 所示。

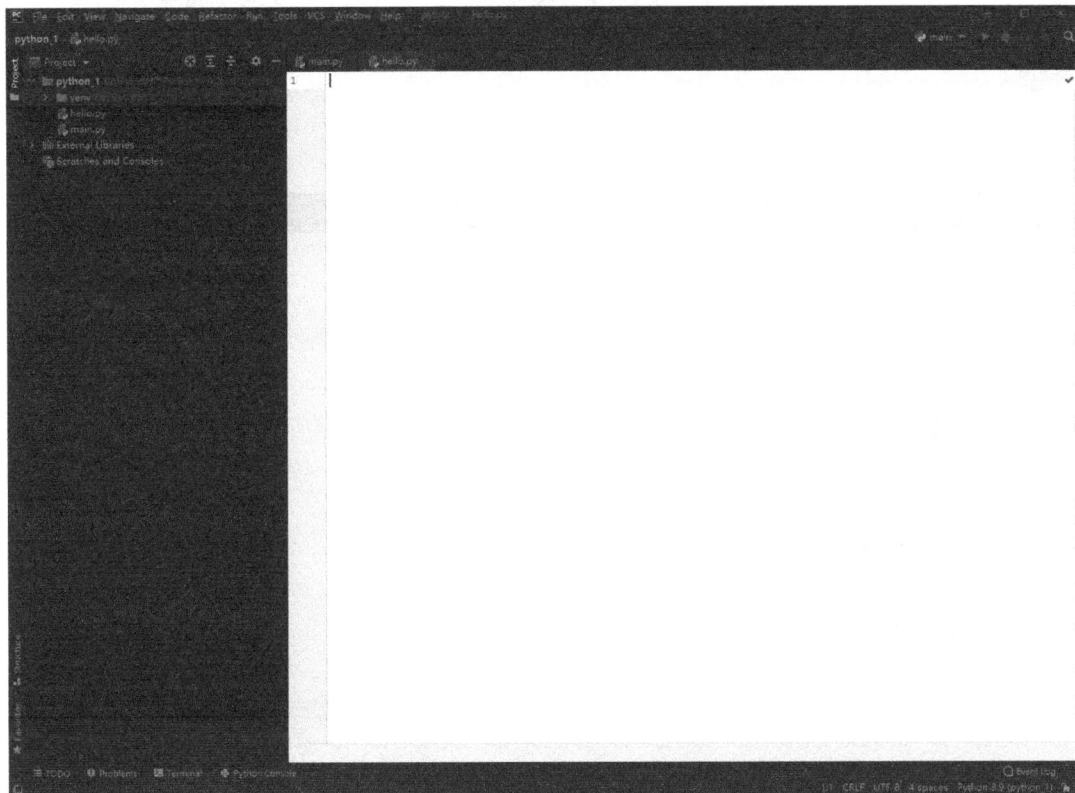

图 1-15　新建文件界面

在创建好的 Python 文件中,可以开始编写第一个 Python 程序了。在“hello”文件中输入下列语句:

print("欢迎您来到美丽的天水,天水是丝路重镇,国家级历史文化名城,得名于'天河注水'的传说。")

右击“hello”文件,选择“Run”→“hello”运行程序,程序运行结果如图 1-16 所示。

以上是 Python 程序设计的平台,就像我们的人生一样,需要一个平台,不管你今天是高职生、本科生、研究生,都需要一个良好的平台才能发展自己。船,停在岸边最安全,但那不是造船的意义;人,待在家里最安全,但那不是做人的价值。人生需要不断地经历沉淀和磨炼,才能成就自我,“青年时期多经历一点摔打、挫折、考验,有利于走好一生的路”。

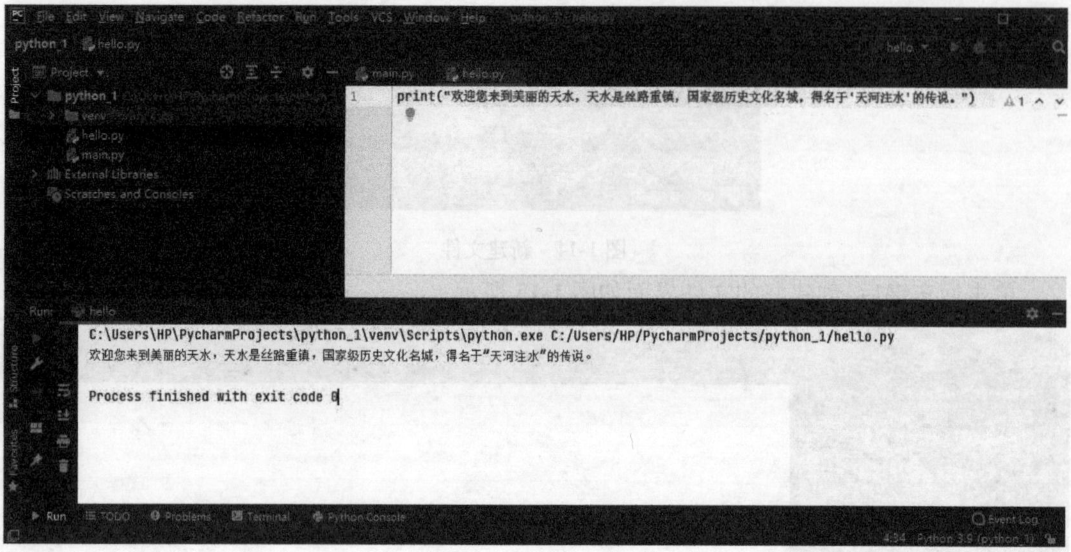

图 1-16　程序运行结果

实训项目拓展

①编写一个 Python 程序,输出如下图形效果。

```
#####################
#     我的中国心     #
# 青春是用来奋斗的 #
#####################
```

程序参考:

```
print("#####################")
print("#     我的中国心     #")
print("# 青春是用来奋斗的 #")
print("#####################")
```

②编写一个 Python 程序,输出如下语句。

社会主义核心价值观:
国家的价值目标——富强、民主、文明、和谐
社会的价值取向——自由、平等、公正、法治
公民的价值准则——爱国、敬业、诚信、友善

程序参考:

```
print("社会主义核心价值观:")
print("国家的价值目标——富强、民主、文明、和谐")
print("社会的价值取向——自由、平等、公正、法治")
print("公民的价值准则——爱国、敬业、诚信、友善")
```

项目 2
基本语法

【实训目标】

- 了解 Python 数据类型。
- 使用 Python 的运算符完成编程。

【技能基础】

2.1 变量

2.1.1 变量的概念

变量,顾名思义,指可以改变的东西,在计算机的世界中,变量通常被认为是一种访问存储位置的方式。

Python 的变量名区分英文字母大小写,如 score 和 Score 是两个不同的变量。变量名不能是 Python 的关键字。

Python 中的变量不需要声明。每个变量在使用前都必须赋值,赋值以后该变量才会被创建。在 Python 中,变量就是变量,它没有类型,我们所说的“类型”是变量所指的内存中对象的类型。这种变量本身类型不固定的语言称为动态语言,与之对应的是静态语言。

等号(=)用来给变量赋值。等号(=)运算符左边是一个变量名,等号(=)运算符右边是存储在变量中的值。

【例 2-1】 变量赋值。

```
counter=100 #整型变量
miles=1000.0 #浮点型变量
name="python" #字符串
print(counter)
```

```
print(miles)
print(name)
```

执行以上程序会输出如下结果：

```
100
1000.0
python
```

Python 允许同时为多个变量赋值。例如：

```
a=b=c=1
```

以上实例，创建一个整型对象，值为 1，从后向前赋值，3 个变量都指向同一个内存地址。也可以为多个对象指定多个变量。例如：

```
a,b,c=1,2,"python"
```

以上实例，两个整型数据 1 和 2 分配给变量 a 和 b，字符串对象"python"分配给变量 c。

Python 中的变量赋值不需要类型声明。向变量赋值时，Python 会自动声明变量类型。

【例 2-2】 变量赋值。

```
a=0.01                                        #创建变量 a,赋值为 0.01
b=666                                         #创建变量 b,赋值为 666
c='123'                                       #创建变量 c,赋值为'123'
print("变量 a 的值为",a,",类型是",type(a))     #输出变量 a 的值及其类型
print("变量 b 的值为",b,",类型是",type(b))     #输出变量 b 的值及其类型
print("变量 c 的值为",c,",类型是",type(c))     #输出变量 c 的值及其类型
```

执行以上程序会输出如下结果：

```
变量 a 的值为 0.01,类型是<class' float' >
变量 b 的值为 666,类型是<class' int' >
变量 c 的值为 123,类型是<class' str' >
```

2.1.2 标识符

标识符是变量、函数、类、模块和其他对象的名称，第一个字符必须是字母表中字母或下划线(_)，标识符的其他部分由字母、数字和下划线组成。标识符对大小写敏感。在 Python 3 中，非 ASCII 标识符也是允许的。

关键字即预定义保留标识符，关键字不能在程序中用作标识符，否则会产生编译错误。Python 的标准库提供了一个 keyword 模块，可以输出当前版本的所有关键字：

```
>>>import keyword
>>>keyword.kwlist
```

2.2　注释

Python 中的注释有单行注释和多行注释。Python 中单行注释以“#”开头。语句可以出现在任何位置。Python 解释器将忽略所有的注释语句，注释语句不会影响程序的执行结果，例如：

```
#这是一个注释
print("Hello,World!")
```

多行注释用 3 个单引号(''')或者 3 个双引号(""")将注释括起来，例如：

(1)单引号(''')

```
'''
这是多行注释,用三个单引号
这是多行注释,用三个单引号
这是多行注释,用三个单引号
'''
print("Hello,World!")
```

(2)双引号(""")

```
"""
这是多行注释,用三个双引号
这是多行注释,用三个双引号
这是多行注释,用三个双引号
"""
print("Hello,World!")
```

2.3　代码缩进

代码缩进是指通过在每行代码前键入空格或制表符的方式，表示每行代码之间的层次关系。任何编程语言都需要代码缩进规范程序的结构，采用代码缩进的编程风格有利于代码的阅读和理解。对于 C、C++、Java 等语言，代码缩进只是作为编程的一种良好习惯而延承下来。对于 Python 而言，代码缩进是一种语法，Python 语言中没有采用花括号或 begin… end…分隔代码块，而是使用冒号和代码缩进来区分代码之间的层次。

使用 IDE 开发工具或 EditPlus 等编辑器书写代码时，编辑器会自动缩进代码、补齐冒号，提高编码效率。

【例 2-3】　演示代码中的条件语句采用代码缩进的语法。

```
x=1
    if x==1:
        print("x=",x)      #代码缩进
    else:
        print("x=",x)      #代码缩进
        x=x+1
    print("x=",x)
```

第 1 行代码创建了变量 x,并赋值为 1。在赋值运算符的两侧各添加一个空格,这是一种良好的书写习惯,提高了程序的可读性。

第 2 行代码使用了条件语句 if,判断 x 的值是否等于 1。if 表达式后输入了一个冒号,冒号后面的代码块需要缩进编写。本行代码与第 1 行代码处于同一个层次,所以直接从最左端书写代码。

第 3 行代码表示 x 的值等于 1 时输出结果。当 if 条件成立时,程序才能执行到第 3 行,所以第 3 行代码位于第 2 行代码的下一个层次。在编码时,首先在最左端输入 4 个空格或制表键,然后再书写 print 语句。输出结果:

```
x=1
```

第 4 行代码的 else 保留字后是一段新的代码块。当 x 的值不等于 1 时,程序将执行第 5、第 6 行代码。

第 5 行、第 6 行代码采用缩进式的代码风格。

第 7 行代码输出结果:

```
x=1
```

Python 对代码缩进的要求非常严格。如果程序中不采用代码缩进的编码风格,将抛出一个 IndentationError 异常。

【例 2-4】 演示错误的缩进方式。

```
x=1
if x==1:
print("x=",x)
else:
    print("x=",x)      #代码缩进
    x=x+1
print("x=",x)
```

第 3 行没有缩进代码,Python 不能识别出代码的层次关系,Python 误认为[if x==1:],语句后面没有代码块。代码运行后输出如下错误信息:

```
File "C:\Users\HP\PycharmProjects\pythonProject2\main. py",line 3
    print("x =",x)
    ^
IndentationError:expected an indented block
```

Python 程序是由代码块(Block)构成,代码块是由一条一条的 Python 语句组成。一个模块,一个函数,一个类,一个文件等都是一个代码块。

Python 程序通过缩进(Indentation)来定义代码块,所以 Python 是一种缩进敏感的语言,程序员需要小心检查缩进量。

PEP8 定义每个缩进级别使用 4 个空格,当 Python 的 IDE 把一个“Tab”解释为 4 个空格的时候,也可以用一个“Tab”表示一个缩进级别。需要注意的是,Python 3 不允许混合使用制表符和空格进行缩进。

2.4　简单数据类型

数据类型是构成编程语言语法的基础。不同的编程语言有不同的数据类型,但都具有常用的几种数据类型。Python 有几种内置的数据类型——数字、字符串、元组、列表和字典。

2.4.1　数字类型

Python 的数字类型分为整型、长整型、浮点型、布尔型、复数类型。Python 没有字符类型。使用 Python 编写程序时,不需要声明变量的类型,整型、长整型可以用二进制、八进制、十六进制数。由于 Python 不需要显式的声明变量的类型,变量的类型由 Python 内部管理,在程序的后台实现数值与类型的关联,以及类型转换等操作。Python 与其他高级语言定义变量的方式及内部原理有很大的不同。在 C 语言或 Java 中,定义一个整型的变量,可以采用如下方式:

```
int i=1;
```

在 Python 中,定义整型变量的表达方式更简练:

```
i=1
```

在 Python 中,定义整型变量只需要采用赋值表达式即可,程序员不需要关心赋值变量的大小,Python 会根据值的大小自动转换为长整型。Python 其他数字类型变量的定义方法与此类似。

C 语言分为单精度和双精度浮点类型,而 Python 只有双精度浮点类型。Python 根据变量的值自动判断变量的类型,程序员不需要关心变量究竟是什么类型,只要知道创建的变量存放了一个数。以后的工作只是对这个数值进行操作,Python 会对这个数的生命周期负责。

更重要的一点是,C 语言或 Java 只是创建了一个 int 型的普通变量,而 Python 创建的是一个整型对象,并且 Python 自动完成了整型对象的创建工作,不再需要通过构造函数创建。Python 内部没有普通类型,任何类型都是对象。如果 C 语言或 Java 需要修改变量 i 的值,只要重新赋值即可,而 Python 并不能修改对象 i 的值。

如果需要查看变量的类型,可以使用 Python 定义的 type 类。type 是_builtin_模块的一个类,该类能返回变量的类型或创建一个新的类型。_builtin_模块是 Python 的内联模块,内联模块不需要使用 import 语句,由 Python 解释器自动导入。后面还会讲到更多内联模块的类和函数。

【例 2-5】 演示返回各种变量的类型。

```
i=1          #整型
print(type(i))
i=99999990   #长整型
print(type(i))
f=1.2        #非浮点型
print(type(f))
b=True       #布尔型
print(type(b))
```

运行结果:

```
<class 'int'>
<class 'int'>
<class 'float'>
<class 'bool'>
```

(1)int(整型)

①十进制整数,如 18。

②八进制整数。以数字 0 开头,只能用 0~7 这 8 个数字组合表达,如 0154。

③十六进制整数。以 0x 或 0X 开头,只能用 0~9 这 10 个数字及字母 A~F 组合表达,如 0x15F。

Python 2 中有两个整数类型 int 和 long(长整型)。在 Python 3 里,只有一种整数类型 int,且不限制大小。

通过函数 str(),oct(),hex(),bin( )可以把整数数值转换为十进制、八进制、十六进制、二进制的字符串。

【例 2-6】

```
x=20
print(str(x))    #转换成十进制字符串
print(oct(x))    #转换成八进制字符串
print(hex(x))    #转换成十六进制字符串
print(bin(x))    #转换成二进制字符串
```

运行结果:

```
20
0o24
0x14
0b10100
```

通过函数 int()可以把十进制、八进制、十六进制、二进制的字符串转换为整数数值。

【例2-7】

```
print(int('20',10))       #十进制字符串转换为十进制整数
print(int('0o24',8))      #八进制字符串转换为十进制整数
print(int('0x14',16))     #十六进制字符串转换为十进制整数
print(int('0b10100',2))   #二进制字符串转换为十进制整数
```

运行结果:

```
20
20
20
20
```

(2)float(浮点型)

在 Python 中,浮点数是一个类(class),即浮点数类<class 'float'>。简而言之,浮点数就是小数,有常规的数学表示法。

①十进制形式,如0.0013、-1482.5。

②指数形式,通常用来表示一些比较大或者比较小的数值,格式为:实数部分+字母E或e+正负号+整数部分。

Python 的浮点数默认是双精度类型,占8个字节64 bit的内存空间,可提供17位有效数字。浮点数的表示范围:

- 最大值是:1.7976931348623157e+308
- 最小值是:2.2250738585072014e-308

可以通过语句 sys.float_info 查询。

【例2-8】

```
a=123456.789               #带规数学表示法
b=1.23456789e5             #科学记数法
print(a==b)                #比较两种记数法的值
print(type(a),type(b))
import sys
print(sys.float_info.max)  #浮点数最大值
print(sys.float_info.min)  #浮点数最小值
```

运行结果:

```
True
<class 'float'> <class 'float'>
1.7976931348623157e+308
2.2250738585072014e-308
```

(3) complex(复数)

复数由实数部分和虚数部分组成,一般形式为 x+yj。例:2.14j,2+12.1j。

【例 2-9】

```
a=1+2j           #直接键入复数
print(type(a))  #查看类型
print(complex(1,2))
print(complex("1+2j"))
```

运行结果:

```
<class 'complex'>
(1+2j)
(1+2j)
```

(4) 布尔类型

布尔(bool)类型是一种比较特殊的类型,它只有“True(真)”和“False(假)”两种值。

【例 2-10】

```
a=True                        #注意,第一个字母大写
b=False
print(type(a),type(b))        #查看类型
print(1>2)                    #比较运算的结果是布尔值
print(a or b)                 #布尔运算的结果是布尔值
print(a and b)
print(not b)
```

运行结果:

```
<class 'bool'> <class 'bool'>
False
True
False
True
```

(5) 字符串

字符串是以单引号或双引号括起来的任意文本,如'abc',"xyz"等。如果单引号本身也是字符串中的一个字符,那就可以用双引号括起来。

如果双引号本身也是字符串中的一个字符,那就可以用单引号括起来。如果字符串内部既包含单引号又包含双引号,则可以用转义字符“\”来标识。转义字符是以“\”开头,后跟一个字符,通常用来表示一些控制代码和功能定义,见表 2-1。

表2-1　转义字符

转义字符	说明	转义字符	说明
\n	换行	\'	单引号
\b	退格	\"	双引号
\r	回车	\a	鸣铃
\t	水平制表	\f	换页
\v	垂直制表	\\	反斜线

2.5　运算符

2.5.1　算数运算符

算术运算符见表2-2,以下假设变量a为4,变量b为3。

表2-2　算数运算符

运算符	名称	说明	示例
+	加法运算	将运算符两边的操作数相加	a+b=7
-	减法运算	将运算符左边的操作数减去右边的操作数	a-b=-1
*	乘法运算	将运算符两边的操作数相乘	a*b=12
/	除法运算	将运算符左边的操作数除以右边的操作数	a/b=0.75
%	模运算	返回除法运算的余数	a%b=3
**	幂(乘方运算)	表达式x**y,则返回x的y次幂	a**b=81
//	整除	返回商的整数部分。如果其中一个操作数为负数,则结果为负数	a//b=0 b//a=1 -a//b=-1

【例2-11】

```
a=21
b=10
c=0
c=a+b
print("a+b 的值为:",c)
c=a-b
print("a-b 的值为:",c)
```

```
c=a*b
print("a*b 的值为:",c)
c=a/b
print("a/b 的值为:",c)
c=a%b
print("a%b 的值为:",c)
#修改变量 a、b、c
a=2
b=3
c=a**b
print("a**b 的值为:",c)
a=10
b=5
c=a//b
print("a//b 的值为:",c)
```

运行结果:

```
a+b 的值为:31
a-b 的值为:11
a*b 的值为:210
a/b 的值为:2.1
a%b 的值为:1
a**b 的值为:8
a//b 的值为:2
```

2.5.2 赋值运算符

赋值运算符用来给变量赋值,Python 提供的赋值运算符可分为简单赋值与复合赋值两大类。赋值运算符“=”的一般格式为:

变量=表达式

它表示将其右侧的表达式求出结果,赋给其左侧的变量。

复合赋值的类型如下:

a+=b#相当于 a=a+b

a-=b#相当于 a=a-b

a*=b#相当于 a=a*b

a/=b#相当于 a=a/b

a%=b#相当于 a=a%b

a**=b#相当于 a=a**b

a// =b#相当于 a=a//b

【例 2-12】

```
a=21
b=10
c=0
c=a+b
print("a+b 的值为:",c)
c+=a
print("c+=a 的值为:",c)
c * =a
print("c * =a 的值为:",c)
c/ =a
print("c/ =a 的值为:",c)
c=2
c% =a
print("c% =a 的值为:",c)
c * * =a
print("c * * =a 的值为:",c)
c//=a
print("c//=a 的值为:",c)
```

运行结果:

```
a+b 的值为:31
c+=a 的值为:52
c * =a 的值为:1092
c/ =a 的值为:52.0
c% =a 的值为:2
c * * =a 的值为:2097152
c//=a 的值为:99864
```

2.5.3　比较运算符

关系运算符又称比较运算符,用于比较运算符两侧的值,比较的结果是一个布尔值,即 True 或 False。关系运算符的优先级低于算术运算符,但高于赋值运算符,其结合性为从左到右,见表 2-3。

表 2-3　比较运算符

符号	功能	优先级
>	大于	优先级相同(高)
>=	大于等于	
<	小于	
<=	小于等于	
= =	等于	优先级相同(低)
！ =	不等于	

【例 2-13】

```
a=21
b=10
c=0
if(a==b):
    print("a 等于 b")
else:
    print("a 不等于 b")
if(a! =b):
    print("a 不等于 b")
else:
    print("a 等于 b")
if(a<b):
    print("a 小于 b")
else:
    print("a 大于等于 b")
if(a>b):
    print("a 大于 b")
else:
    print("a 小于等于 b")#修改变量 a 和 b 的值
a=5;
b=20;
if(a<=b):
    print("a 小于等于 b")
else:
    print("a 大于 b")
```

```
if(b>=a):
    print("b 大于等于 a")
else:
    print("b 小于 a")
```

运行结果:

```
a 不等于 b
a 不等于 b
a 大于等于 b
a 大于 b
a 小于等于 b
b 大于等于 a
```

2.5.4 逻辑运算符

Python 的逻辑运算符包括 and(与)、or(或)、not(非)3 种,与 C/C++、Java 等语言不同的是,Python 中逻辑运算的返回值不一定是布尔值。在 Python 中,当参与逻辑运算的数值为 0 时,则把它看作逻辑"假",而将所有非 0 的数值都看作逻辑"真",见表 2-4。

表 2-4 逻辑运算符

运算符	含义	举例	说明
and	与	x and y	如果 x 为 False,无须计算 y 的值,返回值为 x;否则返回 y 的值
or	或	x or y	如果 x 为 True,无须计算 y 的值,返回值为 x;否则返回 y 的值
not	非	not x	如果 x 为 True,返回值为 False;如果 x 为 False,返回值为 True

【例 2-14】

```
print(3 - 3 and 3<6) #输出逻辑表达式的值
print(3<6 and 3+5)
print(1+2 or 3<6)
print(3<6 or 3+5)
print(not 3>6)
```

运行结果:

```
0
8
3
True
True
```

2.5.5 成员运算符

成员运算符用于判断一个元素是否在某个序列中,如字符串、列表、元组等,见表 2-5。

表 2-5 成员运算符

运算符	举例	说明
in	x in y	在 y 中找到 x 的值返回 True,否则返回 False
not in	x not in y	在 y 中未找到 x 的值返回 True,否则返回 False

【例 2-15】

```
a=10
b=20
list=[1,2,3,4,5];
if(a in list):
    print("变量 a 在给定的列表 list 中")
else:
    print("变量 a 不在给定的列表 list 中")
if(b not in list):
    print("变量 b 不在给定的列表 list 中")
else:
    print("变量 b 在给定的列表 list 中")
#修改变量 a 的值
a=2
if(a in list):
    print("变量 a 在给定的列表 list 中")
else:
    print("变量 a 不在给定的列表 list 中")
```

运行结果:

```
变量 a 不在给定的列表 list 中
变量 b 不在给定的列表 list 中
变量 a 在给定的列表 list 中
```

2.5.6 身份运算符

身份运算符用来判断两个变量的引用对象是否指向同一个内存对象,见表 2-6。

表 2-6　身份运算符

运算符	举例	说明
is	x is y	如果 x 和 y 引用的是同一个对象则返回 True,否则返回 False
is not	x is not y	如果 x 和 y 引用的不是同一个对象则返回 True,否则返回 False

【例 2-16】

```
a=10 #创建变量 a,赋值为 10
b=20 #创建变量 b,赋值为 20
print(a is b) #输出表达式的值
print(a is not b)
b=10 #修改变量 b 的值
print(a is b)
```

运行结果:

```
False
True
True
```

2.5.7　位运算符

位运算是指进行二进制位的运算。位运算符见表 2-7。

表 2-7　位运算符

运算符	名称	说明
&	按位与	只有对应的两个二进制位均为 1 时,结果才为 1,否则为 0
|	按位或	只要对应的两个二进制位有一个为 1 时,结果就为 1
^	按位异或	对应的两个二进制位不同时,结果为 1,否则为 0
~	取反	对每个二进制位取反
<<	左移	左操作数的二进制位全部左移,由右操作数决定移动的位数,移出位删掉,移进的位补零
>>	右移	左操作数的二进制位全部右移,由右操作数决定移动的位数,移出位删掉,移进的位补零

例如,a=00111100,a<<2 输出结果 240,二进制解释:11110000。

a=00111100,a>>2 输出结果 15,二进制解释:00001111。

a=00111100,b=00001101,(a&b)输出结果 12,二进制解释:00001100。

a=00111100,b=00001101,(a|b)输出结果 61,二进制解释:00111101。

2.5.8 运算符优先级

表 2-8 列出了从最高到最低优先级的所有运算符。

表 2-8 运算符优先级

优先级顺序	运算符	说明
1	**	指数(次幂)运算
2	~ + -	取反、正号运算和负号运算
3	* / % //	乘、除、取模和取整除
4	+ -	加法、减法
5	>> <<	右移、左移位运算符
6	&	按位与
7	^ |	按位异或和按位或
8	<= < > >=	比较运算符
9	== !=	等于和不等于运算符
10	= %= /= //= -= += *= **=	赋值运算符
11	is is not	身份运算符
12	in not in	成员运算符
13	not or and	逻辑运算符

【例 2-17】

```
a=20
b=10
c=15
d=5
e=0
e=(a+b)*c/d     #(30*15)/5
print("(a+b)*c/d 运算结果为:",e)
e=((a+b)*c)/d   #(30*15)/5
print("((a+b)*c)/d 运算结果为:",e)
e=(a+b)*(c/d)   #(30)*(15/5)
print("(a+b)*(c/d)运算结果为:",e)
e=a+(b*c)/d     #20+(150/5)
print("a+(b*c)/d 运算结果为:",e)
```

运行结果:

```
(a+b) * c/d 运算结果为:90.0
((a+b) * c)/d 运算结果为:90.0
(a+b) * (c/d)运算结果为:90.0
a+(b * c)/d 运算结果为:50.0
```

运算符就是在 Python 中制订的一种规则，生活上所有事也有一定的规则，我们要用规则来约束自己的行为举止。遵守规则可以让自己有所成就，也可以让社会稳固发展。同时，在调试程序过程中会出现错误，通过不断学习、反复修正才能解决问题，取得进步。生活中也一样，我们要从历史经验中"汲取奋进力量""汲取攻坚克难智慧力量"，在磨难挫折中成长，在攻坚克难中壮大。

2.6　输入输出

2.6.1　输入

Python 提供了 input() 函数用于获取用户键盘输入的字符。input() 函数让程序暂停运行，等待用户输入数据，当获取用户输入后，Python 将其以字符串的形式存储在一个变量中，方便后面使用。

【例 2-18】　使用 input() 函数实现输入。

```
password=input("请输入密码:")              #输入数据赋给变量 password
print('您刚刚输入的密码是:',password)  #输出数据
```

运行结果：

```
请输入密码:123
您刚刚输入的密码是:123
```

2.6.2　输出

在 Python 中使用 print() 函数进行输出。输出字符串时可用单引号或双引号括起来；输出变量时，可不加引号；变量与字符串同时输出或多个变量同时输出时，需用","隔开各项。print 默认输出是换行的，如果要实现不换行需要在变量末尾加上 end=""。

【例 2-19】　使用 print() 函数输出数据。

```
print("这是一个输出示例")        #print()函数使用双引号输出示例
url='www.gsfc.edu.cn'            #创建变量 url,赋值为'www.gsfc.edu.cn'
print('我们的网址是',url)        #print()函数使用单引号输出变量 url
```

运行结果：

```
这是一个输出示例
我们的网址是 www.gsfc.edu.cn
```

实训项目拓展

①编写程序,要求输入三角形的三条边(假设给定的三条边符合构成三角形的条件:任意两边之和大于第三边),计算三角形的面积并输出。

参考程序:

```
import math                                 #导入 math 模块
a=int(input("请输入三角形的第一条边:"))      #输入第一条边并将其转换为整型
b=int(input("请输入三角形的第二条边:"))      #输入第二条边并将其转换为整型
c=int(input("请输入三角形的第三条边:"))      #输入第三条边并将其转换为整型
s=1/2*(a+b+c)                               #计算 s
area=math.sqrt(s*(s-a)*(s-b)*(s-c))         #调用 sqrt 函数计算面积
print("此三角形面积为:",area)                #输出三角形面积
```

运行结果:

```
请输入三角形的第一条边:3
请输入三角形的第二条边:4
请输入三角形的第三条边:5
此三角形面积为:6.0
```

②海洋单位距离的换算。在陆地上可以使用参照物确定两点间的距离,使用厘米、米、公里等作为计量单位,而海上缺少参照物,人们将赤道上经度的一分对应的距离记为一海里,使用海里作为海上计量单位。千米与海里可以通过以下公式换算:

海里=千米/1.852

本实例要求编写程序,实现将海洋千米转为海里的换算。

参考程序:

```
kilometre=float(input('请输入千米数:'))
nautical_mile=(kilometre/1.852)
print('换算后的海里数为:',nautical_mile,"海里")
```

运行结果:

```
请输入千米数:28
换算后的海里数为:15.118790496760258 海里
```

③根据身高体重计算某个人的 BMI 指数。BMI 指数即身体质量指数,是目前国际常用的衡量人体胖瘦程度以及是否健康的一个标准。BMI 指数计算公式如下:

体质指数(BMI)=体重(kg)÷(身高(m)*身高(m))

本实例要求编写程序，实现根据输入的身高体重计算 BMI 值的功能。

参考程序：

```
height=float(input('请输入您的身高(m):'))
weight=float(input('请输入您的体重(kg):'))
BMI=weight/(height * height)
print('您的 BMI 值为:',BMI)
```

运行结果：

```
请输入您的身高(m):1.75
请输入您的体重(kg):80
您的 BMI 值为:26.122448979591837
```

④模拟超市收银取整行为。在商店买东西时，可能会遇到这样的情况：挑选完商品进行结算时，商品的总价可能会带有 0.1 元或 0.2 元的零头，商店老板在收取现金时经常会将这些零头抹去。

本实例要求编写程序，实现超市收银取整的功能。

参考程序：

```
total_money=36.15+23.01+25.12              #累加总计金额
print('商品总金额为:',total_money,'元')
pay_money=int(total_money)                 #进行抹零处理
print('实收金额为:',pay_money,'元')
```

运行结果：

```
商品总金额为:84.28 元
实收金额为:84 元
```

⑤编写程序，要求输入两个整数，输出两数之和。

参考程序：

```
a=input("请输入第一个整数:")                   #输入变量 a 的值
b=input("请输入第二个整数:")                   #输入变量 b 的值
a=int(a)                                      #将变量 a 转换为整型数
b=int(b)                                      #将变量 b 转换为整型数
c=a+b                                         #两数相加赋给 c
print("两数之和为:",c)                         #输出 c 的值
```

运行结果：

```
请输入第一个整数:12
请输入第二个整数:23
两数之和为:35
```

项目 3

判断语句

【实训目标】

- 了解 Python 中的 if 语句。
- 使用 Python 的判断完成编程。

【技能基础】

人生每时每刻都在做着各种选择，小到我们的日常生活，大到重大事项(升学、工作等)的选择。古有言，"鱼与熊掌不可兼得""生当作人杰"，这些都与选择有关。我们今天要讲的判断语句就是一种选择。

3.1 if 语句

Python 中 if 语句的语法格式如下：

```
if 判断条件:
    语句块
```

语句块是 if 条件满足后执行的一个或多个语句序列，语句块中语句通过与 if 所在行形成缩进表达包含关系。if 语句首先评估条件的结果值，如果结果为 True，则执行语句块中的语句序列，然后控制转向程序的下一条语句。如果结果为 False，语句块中的语句会被跳过。if 语句执行流程如图 3-1 所示。

【例 3-1】

```
age=20                  #创建变量 age 代表年龄，赋值为 20
if age>=18:             #判断变量 age 的值是否大于等于 18
                        print("已成年") #输出"已成年"
```

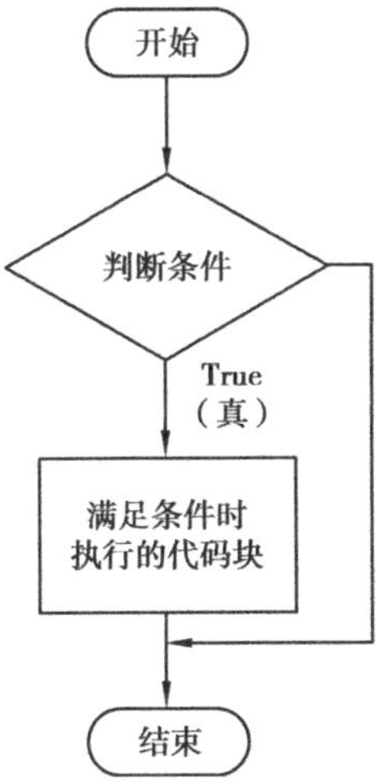

图3-1　语句执行流程

运行结果:

```
已成年
```

【例3-2】 PM2.5空气质量提醒。空气污染是当下社会比较关注的问题。PM2.5是衡量空气污染的重要指标,指大气中直径小于或等于2.5 μm的可入肺颗粒物。PM2.5颗粒粒径小,含大量有毒、有害物质,且在大气中停留时间长、输送距离远,因而对人体健康和大气环境质量有很大影响。目前空气质量等级以PM2.5数值划分为6级。PM2.5数值在0~35空气质量为优,35~75为良,75~115为轻度污染,115~150为中度污染,150~250为重度污染,250~500为严重污染。

一个简化版的空气质量标准采用三级模式:0~35为优,35~75为良,75以上为污染。比起知道PM2.5指数值具体为多少,大多数人更关心空气质量到底怎样。计算机可以实现输入PM2.5数值发布空气质量提醒。该问题的IPO描述如下。

输入:

接收外部输入的PM2.5值

处理:

如果PM2.5值≥75,显示“空气污染警告”

如果35≤PM2.5值<75,显示“空气质量良,建议适度户外运动”

如果PM2.5值<35,显示“空气质量优,建议户外运动”

输出:

对应空气质量提醒

参考程序:

```
PM=eval(input("请输入PM2.5数值:"))
if 0<=PM<35:
    print("空气质量优,建议户外运动!")
if 35<=PM<75:
    print("空气质量良,建议适度户外运动!")
if 75<=PM:
    print("空气污染警告,请小心!")
```

运行结果：

```
请输入 PM2.5 数值:25
空气质量优,建议户外运动!
```

3.2 if-else 语句

Python 中 if-else 语句用来形成二分支结构，语法格式如下：

```
if 判断条件:
    语句块 1
else:
    语句块 2
```

语句块 1 是在 if 条件满足后执行的一个或多个语句序列，语句块 2 是 if 条件不满足后执行的语句序列。二分支语句用于区分条件的两种可能，即 True 或者 False，分别形成执行路径。用一张图来描述 if-else 语句的执行流程，如图 3-2 所示。

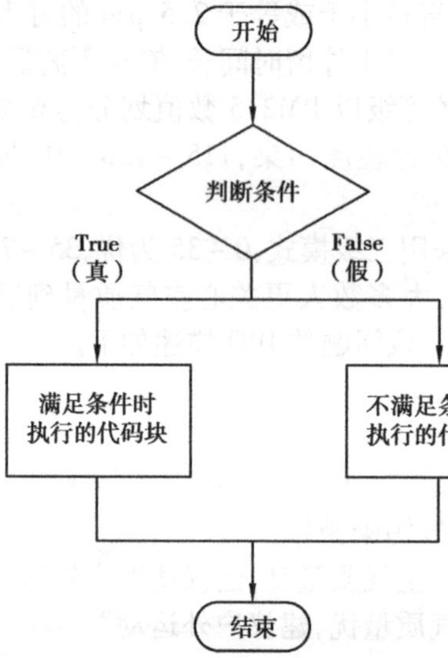

图 3-2　if-else 语句执行流程

【例 3-3】　编写程序，要求输入年龄，判断该学生是否成年（大于等于 18 岁），如未成年，计算还需要几年能够成年。

参考程序：

```
age=int(input("请输入学生的年龄:"))  #输入变量 age 的值并转换为整型
if age>=18:                          #判断 age 是否大于等于 18
print("已成年")                       #如果是,输出“已成年”
else:                                #如果不是
```

```
print("未成年") #输出"未成年"
print("还差",18-age,"年成年") #计算还差几年成年并输出
```

运行结果:

```
如果输入20岁,输出已成年
如果输入15岁,输出未成年
还差3年成年
```

【例3-4】 编写程序,要求输入三角形三条边的长度,输出三角形的面积。

参考程序:

```
import math #导入 math 模块
a=int(input("请输入三角形的第一条边长:")) #输入第一条边并将其转换为整型
b=int(input("请输入三角形的第二条边长:")) #输入第二条边并将其转换为整型
c=int(input("请输入三角形的第三条边长:")) #输入第三条边并将其转换为整型
if a>0 and b>0 and c>0 and a+b>c and a+c>b and b+c>a:
#如果满足构成三角形条件
s=1/2 * (a+b+c) #计算 s
area=math.sqrt(s * (s-a) * (s-b) * (s-c)) #调用 sqrt 函数计算面积
print("此三角形面积为:",area) #输出三角形面积
else:#如不满足条件
print("输入的三条边不能构成三角形"); #输出提示信息
```

运行结果:

```
三条边分别是3,4,5,结果为6.0
三条边分别是2,1,1,结果为:
输入的三条边不能构成三角形
```

3.3 if-elif 语句

Python 的 if-elif-else 描述多分支结构,语句格式如下。

```
if 判断条件1:
    语句块1
elif 判断条件2:
    语句块2
elif 判断条件n:
    语句块n
```

```
else:
    语句块 n+1
```

①当满足 if 判断条件 1 时,则执行代码块语句块 1,然后整个 if 结束。

②如果不满足 if 条件,满足判断条件 2,则执行代码块语句块 2,然后整个 if 结束。

③如果不满足判断条件 1 和判断条件 2,满足判断条件 n,则执行代码块语句块 n,然后整个 if 结束。

④否则,执行语句块 n+1。

【例 3-5】 某商场做周年庆活动,购物满 1000 元以上,用户可以享受 0.9 的折扣;购物满 2000 元以上,可以享受 0.8 的折扣;购物满 3000 元以上可以享受 0.7 的折扣。我们使用 if-elif 语句来判定某用户可享受的折扣以及需要支付的金额。

参考程序:

```
amount=5000
if amount<1000:
    print("用户没有折扣.需支付金额为:")
    print(amount)
elif 2000>amount>=1000:
    print("用户可以享受 9 折优惠,还需支付金额为:")
    print(amount*0.9)
elif3000>amount>=2000:
    print("用户可以享受 8 折优惠,还需支付金额为:")
    print(amount*0.9)
elif amount>=3000:
    print("用户可以享受 7 折优惠,还需支付金额为:")
    print(amount*0.9)
```

运行结果:

```
用户可以享受 7 折优惠,还需支付金额为:
4500.0
```

【例 3-6】 在十字路口有交通信号灯,根据信号灯的颜色来判断是否可以通行。交通信号灯有黄色 yellow,绿色 green,红色 red,如果出现其他颜色则表示信号灯可能出了故障。

参考程序:

```
light="green"
if light=="yellow":
    print("黄灯,请您等等")
elif light=="green":
    print("绿灯,可以通行")
```

```
elif light=="red":
    print("红灯,不能通行")
else:
    print("信号灯故障!")
```

运行结果：

```
绿灯,可以通行
```

【例3-7】 学生成绩可分为百分制和五级制,将输入的百分制成绩转换成相应的五级制成绩后输出。

参考程序：

```
score=int(input("请输入百分制成绩:")) #输入分数 score 的值并将其转化为整数
if score>100 or score<0:#当分值不合理时显示出错信息
    print("输入数据无意义")
elif score>=90:#当成绩大于等于 90 小于等于 100 时,输出"优"
    print("优")
elif score>=80:#当成绩大于等于 80 小于 90 时,输出"良"
    print("良")
elif score>=70:#当成绩大于等于 70 小于 80 时,输出"中"
    print("中")
elif score>=60:#当成绩大于等于 60 小于 70 时,输出"及格"
    print("及格")
else:#以上条件都不满足
    print("不及格") #输出不及格
```

运行结果：

```
请输入百分制成绩:85
良
```

3.4　if 嵌套

if 嵌套是指在 if 语句中包含 if 语句,该 if 语句可以是 if、if-else 或者 if-elif,具体使用哪一个根据实际情况进行选择。

【例3-8】 编写程序,实现输入 3 个整数,输出最大值的功能。

参考程序：

```
a=int(input("请输入 a 的值:")) #输入 a 的值并转换为整数
b=int(input("请输入 b 的值:")) #输入 b 的值并转换为整数
c=int(input("请输入 c 的值:")) #输入 c 的值并转换为整数
if a>b:#a>b
    if a>c:#a>b 并且 a>c,最大值为 a
    max=a
    else:#a>b 并且 c>a,最大值为 c
    max=c
else:#a<b
    if b>c:#b>a 并且 b>c,最大值为 b
    max=b
    else:#b>a 并且 c>b,最大值为 c
    max=c
print("max=",max) #输出最大值 max
```

运行结果:

```
请输入 a 的值:6
请输入 b 的值:8
请输入 c 的值:1
max=8
```

实训项目拓展

①企业发放的奖金根据利润提成。利润 I 低于或等于 19 万元时,奖金可提 10%;利润高于 10 万元,低于 20 万元时,低于 10 万元的部分按 19% 提成,高于 10 万元的部分,可提成 7.5%;20 万元到 40 万元时,高于 20 万元的部分,可提成 5%;40 万元到 60 万元之间时高于 40 万元的部分,可提成 3%;60 万元到 100 万元之间时,高于 60 万元的部分,可提成 1.5%,高于 100 万元时,超过 100 万元的部分按 1% 提成。编写程序,实现当输入当月利润 I 时,输出应发放奖金总额。

参考程序:

```
profit=0
I=int(input("please input:"))
if(I<=10):
    profit=0.1 * I
elif(I<=20):
    profit=10 * 0.1+(I-10) * 0.075
```

```
elif(I<=40):
    profit=10*0.1+(20-10)*0.075+(I-20)*0.05
elif(I<=60):
    profit=10*0.1+(20-10)*0.075+(40-20)*0.05+(I-40)*0.03
elif(I<=100):
    profit=10*0.1+(20-10)*0.075+(40-20)*0.05+(60-40)*0.03+(I-60)*
0.015
else:
    profit=10*0.1+(20-10)*0.075+(40-20)*0.05+(60-40)*0.03+(100-60)*
0.015+(I-100)*0.01
    print("profit=",profit)
```

运行结果：

```
please input:230
profit=5.25
```

②判断4位回文数。所谓回文数，就是各位数字正序排列和逆序排列都是同一数值的数，例如，数字1221按正序和逆序排列都为1221，因此1221就是一个回文数；而1234的各位按倒序排列是4321，4321与1234不是同一个数，因此1234就不是一个回文数。本实例要求编写程序，判断输入的4位整数是否是回文数。

参考程序：

```
palindrome_num=int(input("请输入一个四位数:"))
single=int(palindrome_num/1000)
ten=int(palindrome_num/100%10)
hundred=int(palindrome_num/10%10)
ths=int(palindrome_num%10)
reverse_order=ths*1000+hundred*100+ten*10+single
if palindrome_num==reverse_order:
    print(palindrome_num,"是回文数")
else:
    print(palindrome_num,"不是回文数")
```

运行结果：

```
请输入一个四位数:1221
1221 是回文数
请输入一个四位数:1200
1200 不是回文数
```

③快递计费系统。快递行业高速发展，邮寄物品变得方便快捷。某快递点提供华东地区、华南地区、华北地区的寄件服务，其中华东地区编号为01、华南地区编号为02、华北地区

编号为03,该快递点寄件价目表具体见表3-1。

表3-1 寄件价目表

地区编号	首重(≤2 千克)	续重(元/千克)
华东地区(01)	13 元	3 元
华南地区(02)	12 元	2 元
华北地区(03)	14 元	4 元

本实例要求根据上表提供的数据编写程序,实现快递计费。

参考程序:

```
weight=float(input("请输入快递重量:"))
print('编号01:华东地区编号02:华南地区编号03:华北地区')
place=input("请输入地区编号:")
if weight<=2:
    if place=='01':
        print('快递费为13元')
    elif place=='02':
        print('快递费为12元')
    elif place=='03':
        print('快递费为14元')
else:
    excess_weight=weight-2
    if place=='01':
        many=excess_weight*3+13
        print('快递费为%.1f元' % many)
    elif place=='02':
        many=excess_weight*2+12
        print('快递费为%.1f元' % many)
    elif place=='03':
        many=excess_weight*4+14
        print('快递费为%.1f元' % many)
```

运行结果:

```
请输入快递重量:6
编号01:华东地区编号02:华南地区编号03:华北地区
请输入地区编号:02
快递费为20.0元
```

④模拟乘客进站流程。火车和地铁的出现极大地方便了人们的出行,但为了防范不法分子,保障民众安全,乘客进站乘坐火车或者乘坐地铁之前,需要先接受安检。部分车站先验票

后安检,也有车站先安检后验票。以先验票后安检的车站为例,乘客的进站流程如下:

a. 验票。检查乘客是否购买了车票,如果没有车票,不允许进站;如果有车票,对行李进行安检。

b. 行李安检。检查刀具的长度是否超过 10 厘米,如果超过 10 厘米,提示刀具长度超过规定,不允许上车;如果不超过 10 厘米,顺利进站。

本实例要求编写程序,模拟乘客进站流程。

参考程序:

```
ticket=1              #用1代表有车票
knife_length=9        #刀子的长度,单位为厘米
if ticket==1:
    print("有车票,可以进站")
    if knife_length<10:
        print("通过安检")
        print("终于可以见到Ta了,美滋滋~~~")
    else:
        print("没有通过安检")
        print("刀具的长度超过规定,等待警察处理...")
else:
    print("没有车票,不能进站")
    print("亲爱的,那就下次见了")
```

运行结果:

```
有车票,可以进站
通过安检
终于可以见到Ta了,美滋滋~~~
```

⑤猜拳游戏。"石头、剪刀、布"是大家经常玩的猜拳游戏,按照游戏规则,石头胜剪刀,剪刀胜布,布胜石头。

程序分析:用户输入 0、1、2 分别代表石头、剪刀、布,计算机通过 random 函数随机生成 0、1、2,编写程序来模拟用户和计算机的猜拳比赛。

参考程序:

```
import random
player=int(input("请出拳石头(0)/剪刀(1)/布(2)"))
computer=random.randint(0,2)
if(player==0 and computer==0) or (player==1 and computer==1) or
(player==2 and computer==2):
    print("我出的是:%s"%player+",计算机出的是%s"%computer)
    print("心有灵犀,再来一盘!")
```

```
elif(player==0 and computer==1) or (player==1 and computer==2) or
(player==2 and computer==0):
    print("我出的是:%s" % player+",计算机出的是%s"% computer)
    print("我赢了,电脑输了。")
else:
    print("我出的是:%s" % player+",计算机出的是%s"% computer)
    print("电脑赢了。")
```

计算机出拳是随机的,因此每次运行的结果不能预测,可能出现下面 3 种情况,比赛结果如图 3-3—图 3-5 所示。

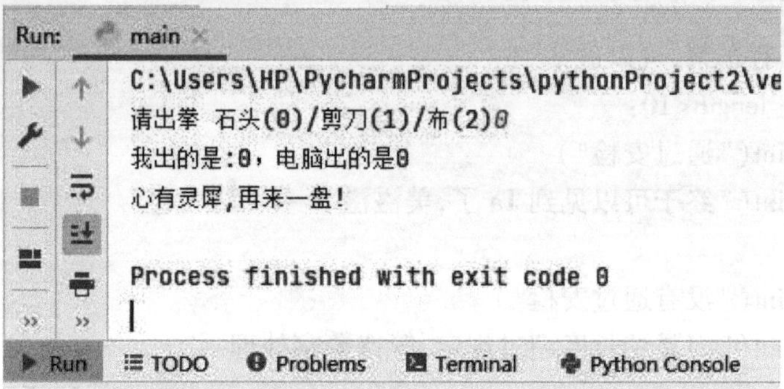

图 3-3　比赛结果 1

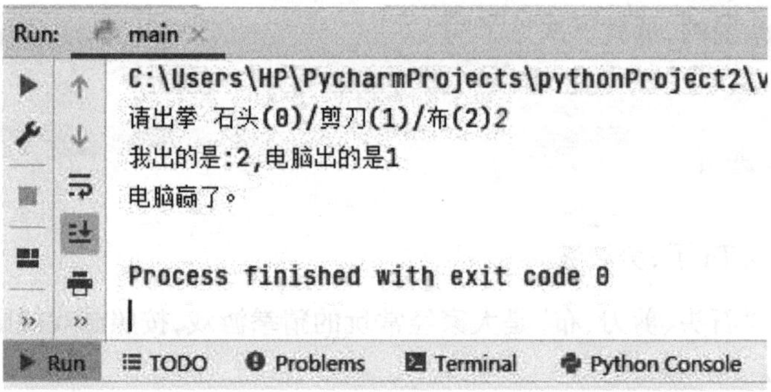

图 3-4　比赛结果 2

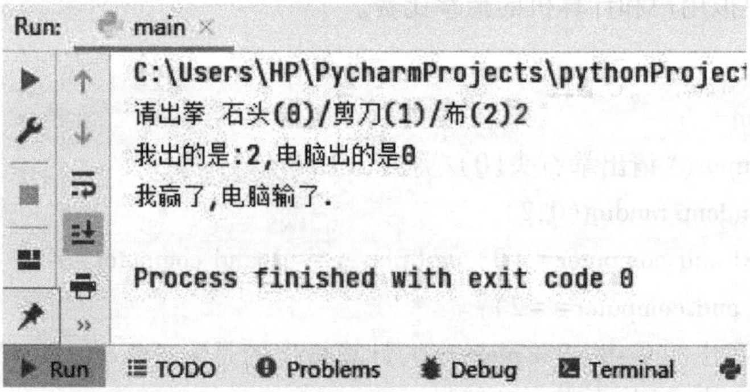

图 3-5　比赛结果 3

⑥输入 3 个整数 x,y,z,请把这 3 个数由大到小排序。

参考程序:

```
x=int(input("请输入整数 x:"))
y=int(input("请输入整数 y:"))
z=int(input("请输入整数 z:"))
if x>y>z:
    print(f'{x}>{y}>{z}')
elif x>z>y:
    print(f'{x}>{z}>{y}')
elif y>x>z:
    print(f'{y}>{x}>{z}')
elif y>z>x:
    print(f'{y}>{z}>{x}')
elif z>y>x:
    print(f'{z}>{y}>{x}')
else:
    print(f'{z}>{x}>{y}')
```

运行结果:

```
请输入整数 x:34
请输入整数 y:23
请输入整数 z:45
45>34>23
```

⑦输入 1 ~ 3 的整数,若输入 1 则画一个三角形(等边三角形,边长 90);若输入 2 则画一个圆形(半径 90);若输入 3 则画一个正方形(边长 90)。

参考程序:

```
import turtle
num=int(input("请输入 1-3:"))
if num==1:
    print(f"您输入的是{num},将输出三角形")
    for i in range(3):
        turtle.seth(i*120)
        turtle.fd(90)
    turtle.exitonclick()
elif num==2:
    print(f'您输入的是{num},将输出圆形')
    turtle.circle(90,360)
```

```
    turtle.exitonclick()
elif num==3:
    print(f'您输入的是{num},将输出正方形')
    for i in range(4):
        turtle.fd(90)
        turtle.left(90)
    turtle.exitonclick()
else:
    print(input('输1-3的数'))
```

运行结果：

```
请输入1-3:2
您输入的是2,将输出圆形
```

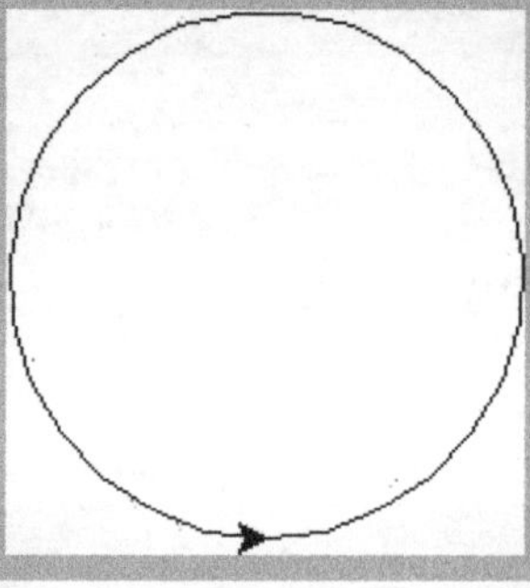

⑧依次输入三角形的三边长，判断能否生成一个三角形（任意两边之和大于第三边）。若能生成三角形，判断其是否为等边三角形；若是则画出等边三角形。

参考程序：

```
import turtle
a=int(input("请输入a边长:"))
b=int(input('请输入b边长:'))
c=int(input("请输入c边长:"))
if a>0 and b>0 and c>0:
    if a+b>c and b+c>a and a+c>b:
        if a==b and b==c:
            print("这是等边三角形")
            for i in range(3):
                turtle.seth(i*120)
                turtle.fd(100)
            turtle.exitonclick()
        elif a==b or b==c or c==a:
            print("这是等腰三角形")
```

```
        else:
            print("这是不规则三角形")
    elif a+b==c or b+c==a or a+c==b:
        print("这是个直角三角形")
    else:
        print('这好像不是三角形')
else:
    print("请输入大于0的数字")
```

运行结果：

```
请输入 a 边长:5
请输入 b 边长:5
请输入 c 边长:5
这是等边三角形
```

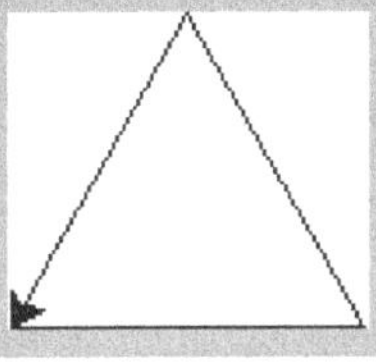

项目 4 循环控制

【实训目标】

- 了解 Python 中循环语句。
- 使用 Python 的循环语句完成编程。

【技能基础】

现实生活中也有很多与循环有关的场景,水滴石穿不是水的力量,而是重复和坚持的结果,成功在于坚持,只要坚持,就会有收获。“不积跬步,无以至千里;不积小流,无以成江海”,这就是重复与坚持的力量。

循环结构是结构化程序设计中很重要的结构,它和顺序结构、选择结构都是各种复杂程序的基本结构。循环结构的特点是:在给定条件成立的情况下,反复执行某程序段,直到条件不成立为止。给定的条件为循环条件,反复执行的程序段为循环体。Python 编程中,while 语句和 for 语句都是用于循环执行程序的。

4.1 while 循环

while 循环语句是“先判断,后执行”。如果刚进入循环时条件就不满足,则循环体一次也不执行。还需要注意的是,一定要有语句修改判断条件的值,使判断条件有为“假”的时候,否则将出现“死循环”。while 循环语句的基本语法格式是:

```
while 判断条件:
    语句块
```

当判断条件为“假”,则不执行循环体语句,退出循环,转到循环体外的下一条语句执行;当判断条件为“真”,执行循环体语句块之后,再次计算判断条件的值,重复上述过程,直到判断条件为“假”时,退出循环。其程序流程如图 4-1 所示。while 循环的特点是:先判断表达式,后执行语句。

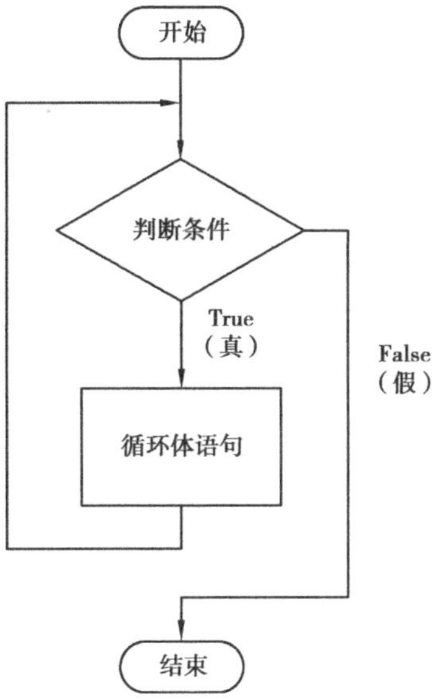

图4-1　while循环

【例4-1】　输入数字,并输出。

```
numbers=input("输入几个数字,用逗号分隔:").split(",")
print(numbers)
x=0
while x<len(numbers):
    print(numbers[x])
    x+=1
```

使用input()捕获输入。按照提示输入5个数字,并用逗号分隔。input( )根据输入的逗号,生成一个列表。输出列表numbers的内容。定义变量x,其值为0。通过列表的长度遍历列表numbers。并输出列表中的值。

运行结果:

```
输入几个数字,用逗号分隔:2,3,4,5,6,7
['2','3','4','5','6','7']
2
3
4
5
6
7
```

【例4-2】　当变量x的值大于0时,执行循环,否则输出变量x的值。

```
x=int(input("输入 x 的值:"))
i=0
while(x! =0):
    if(x>0):
        x-=1
    else:
        x+=1
    i=i+1
    print("第%d 号次循环:"%i,x)
else:
    print("x 等于 0:",x)
```

输入变量 x 的值。定义变量 i,变量 i 表示循环的次数。根据 x! =0 的条件循环,如果 x 不等于 0,则执行第 4 行代码,否则执行 else 子句的代码。如果 x 的值大于 0,则每次循环都减 1;如果 x 的值小于 0,则每次循环都加 1。每次循环使变量 i 的值加 1。循环结束,else 子句输出变量 x 的值。

运行结果:

```
输入 x 的值:4
第 1 号次循环:3
第 2 号次循环:2
第 3 号次循环:1
第 4 号次循环:0
x 等于 0:0
```

【例 4-3】 使用 while 循环对用户输入的数据求和,直到输入数据等于 0 时,结束循环。

```
a=1
sum=0
while(a! =0):
    a=int(input("请输入 a 的值:"))
    sum+=a
    print("总和为:%s"%sum)
```

对变量 a 和 sum 赋任意初值且 a 的初值不为 0,每次循环都会对 a 是否为 0 进行判断,如果 a 等于 0 则不满足循环条件,不会执行循环体内的语句;如果 a 不等于 0,满足循环条件,执行循环体内的语句,a 的值由用户输入数据重新赋值,并对 a 的数据进行求和,输出求和结果。

从前面的分析可以知道,条件表达式 a! =0 直接控制了循环是否继续。变量 a 的值直接影响循环条件 a! =0 是否成立。通常,把能够影响循环条件的变量称为循环控制变量。在上面例题中,a 就是循环控制变量,循环控制变量可以不止一个。

运行结果:

```
请输入a的值:4
总和为:4
请输入a的值:6
总和为:10
请输入a的值:8
总和为:18
请输入a的值:0
总和为:18
```

【例4-4】　编写程序,求S=1+2+3+…+100的值。

```
i=1                            #创建变量i,赋值为1
S=0                            #创建变量S,赋值为0
while i<=100:                  #循环,当i>100时结束
    S+=i                       #求和,将结果放入S中
    i+=1                       #变量i加1
print("S=1+2+3+…+100=",S)      #输出S的值
```

运行结果:

```
S=1+2+3+…+100=5050
```

4.2　for循环

for循环语句的语法结构如下所示:

```
for 变量 in 序列:
    语句块
```

Python中的for循环常用于遍历列表、元组、字符串以及字典等序列中的元素。for循环语句经常与range()函数一起使用,range()函数是Python的内置函数,可创建一个整数列表。range()函数的语法是:

```
range([start,]stop[,step])
```

计数从start开始,默认是从0开始。计数到stop结束,但不包括stop。step为步长,默认为1。例如range(10)等价于range(0,10);range(0,6)是[0,1,2,3,4,5];range(0,6)等价于range(0,6,1)。

【例4-5】　遍历range( )生成的列表,过滤出正数、负数和0。

```
for x in range(-1,2):
    if x>0:
        print("正数:",x)
    elif x==0:
        print("零:",x)
    else:
        print("负数:",x)
else:
    print("循环结束")
```

首先遍历 range(-1,2)生成的列表,range(-1,2)返回的列表为[-1,0,1],每次循环变量 x 的值依次为-1,0,1。然后判断变量 x 的值是否大于 0,如判断为正数的值,输出结果为“正数:1”;如变量 x 的值等于 0,输出结果为“零:0”;如判断为负数的值,输出结果为“负数:-1”。最后一个 else 子句执行后循环才结束,输出结果“循环结束”。

运行结果:

```
负数:-1
零:0
正数:1
循环结束
```

【例 4-6】 用 for 语句求 S=1+2+3+…+100 的值。

```
S=0                              #创建变量 S,赋值为 0
for i in range(1,101):           #循环变量 i 从 1 循环到 100
    S+=i                         #求和,将结果放入 S 中
print("S=1+2+3+…+100=",S)        #输出 S 的值
```

运行结果:

```
S=1+2+3+…+100=5050
```

4.3 循环嵌套的使用

一个循环语句的循环体内包含另一个完整的循环结构,称为循环的嵌套。嵌在循环体内的循环称为内循环。嵌有内循环的循环称为外循环。内嵌的循环中还可以嵌套循环,这就是多重循环。

【例 4-7】 编写一个程序,输出以下乘法表。

```
for x in range(1,10):                          #循环变量 x 从 1 循环到 9
    for y in range(1,x+1):                     #循环变量 y 从 1 循环到 x+1
        print(y," * ",x," = ",x * y," ",end=" ")  #输出乘法表达式
    print(" ")                                 #输出空字符串,作用是为了换行
```

运行结果:

```
1*1=1
1*2=2  2*2=4
1*3=3  2*3=6   3*3=9
1*4=4  2*4=8   3*4=12  4*4=16
1*5=5  2*5=10  3*5=15  4*5=20  5*5=25
1*6=6  2*6=12  3*6=18  4*6=24  5*6=30  6*6=36
1*7=7  2*7=14  3*7=21  4*7=28  5*7=35  6*7=42  7*7=49
1*8=8  2*8=16  3*8=24  4*8=32  5*8=40  6*8=48  7*8=56  8*8=64
1*9=9  2*9=18  3*9=27  4*9=36  5*9=45  6*9=54  7*9=63  8*9=72  9*9=81
```

4.4 break 语句

使用 break 语句可以跳出循环体,使程序执行循环之外的语句。在循环结构中,break 语句通常与 if 语句一起使用,以便在满足条件时跳出循环。

【例 4-8】 在循环结构中,break 语句可以提前结束循环。

```
x=int(input("输入 x 的值:"))
y=0
for y in range(0,100):
    if(x= =y):
        print("找到数字:",x)
        Break
else:
    print("没有找到")
```

运行结果 1:

```
输入 x 的值:120
没有找到
```

运行结果 2:

```
输入 x 的值:88
找到数字:88
```

【例 4-9】 计算满足条件的最大整数 n,使得 1+2+3+…+n<=10000。

```
n=1                                                  #创建变量 n,赋值为 1
S=0                                                  #创建变量 S,赋值为 0
while True:                                          #循环
    S+=n                                             #求和,将结果放入 S 中
    if S>10000:                                      #当 S>10000 时
        break                                        #跳出循环
    n+=1                                             #变量 n 加 1
print("最大整数 n 为",n-1,",使得 1+2+3+…+n<=10000。") #输出 n-1 的值
```

运行结果:

```
最大整数 n 为 140,使得 1+2+3+…+n<=10000。
```

4.5 continue 语句

有时并不希望终止整个循环的操作,而只希望提前结束本次循环,接着执行下次循环,这时可以用 continue 语句。与 break 语句不同,continue 语句的作用是结束本次循环,即跳过循环体中 continue 语句后面的语句,开始下一次循环。

【例 4-10】 输出 1~20 所有的奇数。

```
for n in range(1,21):      #循环,n 的取值为 1 到 20
    if n%2==0:             #判断 n 是否为偶数
        continue           #当 n 为偶数时跳出本次循环
    else:                  #当 n 为奇数时输出 n 的值
        print(n)
```

运行结果:

```
1
3
5
7
9
11
13
15
17
19
```

【例4-11】 如果当前循环的次数与用户输入的数字不相等,则进入下一次循环。如果当前循环的次数与用户输入的数字相等,则中断循环。

```
x=int(input("输入 x 的值:"))
y=0
for y in range(0,100):
    if(x!=y):
        print("y=",y)
        Continue
    else:
        print("x=",x)
        break
```

运行结果:

```
输入 x 的值:3
y=0
y=1
y=2
x=3
```

实训项目拓展

①百钱买百鸡。中国古代数学家张丘建在《算经》中提出了一个著名的"百钱买百鸡问题":鸡翁一,值钱五;鸡母一,值钱三;鸡雏三,值钱一;百钱买百鸡,问翁、母、雏各几何?编程实现将所有可能的方案输出在屏幕上。

参考程序:

```
for cock in range(0,20+1):                              #鸡翁数量范围在 0 到 20
  for hen in range(0,33+1):                             #鸡母数量范围在 0 到 33
    for biddy in range(3,99+1):                         #鸡雏数量范围在 3 到 99
      if (5 * cock+3 * hen+biddy/3)= =100:              #判断钱数是否等于 100
        if (cock+hen+biddy)= =100:                      #判断购买的鸡数是否等于 100
          if biddy%3= =0:                               #判断鸡雏数是否能被 3 整除
            print ("鸡翁:",cock,"鸡母:",hen,"鸡雏:",biddy)  #输出
```

运行结果:

```
鸡翁:0 鸡母:25 鸡雏:75
鸡翁:4 鸡母:18 鸡雏:78
鸡翁:8 鸡母:11 鸡雏:81
鸡翁:12 鸡母:4 鸡雏:84
```

②登录系统账号检测程序。登录系统一般具有账号密码检测功能,即检测用户输入的账号密码是否正确。若用户输入的账号或密码不正确,提示“账号或密码错误”和“您还有 * 次机会”;若用户输入的账号和密码正确,提示“登录成功”;若输入的账号密码错误次数超过 3 次,提示“输入错误次数过多,请稍后再试”。本实例要求编写程序,模拟登录系统账号密码检测功能,并限制账号或密码输错的次数至多 3 次。

根据上述案例描述可知,当输入 3 次错误的账号或密码后,程序将执行结束,对于控制输入的次数可以通过 while<3 来实现,在 while 循环中使用 input( ) 函数接收用户输入的账号密码,使用 if 语句判断输入的账号密码与设定的账号密码是否一致,如果一致使用 print( ) 函数输出“登录成功”,并使用 break 语句跳出 while 循环。对于输入的次数,可以在 while 循环外设置一变量来记录,当用户每输错一次变量值自增 1,该变量不仅可以提示用户剩余输入次数,而且当输入错误次数达到 3 次时提示“输入错误次数过多,请稍后再试”。

参考程序:

```
count=0                                    #用于记录用户错误次数
while count<3:
    user=input("请输入您的账号:")
    pwd=input("请输入您的密码:")
    if user=='admin' and pwd=='123':       #进行账号密码比对
        print('登录成功')
        break
    else:
        print("用户名或密码错误")
        count +=1                          #初始变量值自增 1
        if count==3:                       #如果错误次数达到 3 次,则提示并退出
            print("输入错误次数过多,请稍后再试")
        else:
            print("您还有{3-count}次机会") #显示剩余次数
```

首先设定变量 count 初始值为 0,其作用是记录用户输入的错误次数,之后使用 while 循环语句设置循环次数,然后使用 input( ) 函数接收用户输入的账号与密码。如果输入的账号密码与设定的账号密码相同,使用 print( ) 函数输出“登录成功”并使用 break 跳出循环,如果输入的账号或密码不正确,变量 count 的值累加 1。当变量 count 值小于 3,则使用 print( ) 函数输出“您还有 x 次机会”;当 count 值等于 3 时,使用 print( ) 函数输出“输入错误次数过多,请稍后再试”并使用 break 语句跳出循环。

运行结果：

```
请输入您的账号:admin
请输入您的密码:1
用户名或密码错误
您还有 2 次机会
请输入您的账号:admin
请输入您的密码:3
用户名或密码错误
您还有 1 次机会
请输入您的账号:ad
请输入您的密码:23
用户名或密码错误
输入错误次数过多,请稍后再试
```

③绘制五角星,如下图所示。

参考程序：

```
import turtle                #导入 turtle 库包
turtle.fillcolor("red")      #填充颜色
turtle.begin_fill()          #开始画,类似起笔
count=1                      #计时器,用于记录次数
while count<=5:              #控制绘制次数
    turtle.forward(100)      #画笔绘制的方向,向前移动指定的距离
    turtle.right(144)        #向右转 144°
    count+=1                 #循环绘制
turtle.end_fill()            #完成填充图片的绘制
```

④利用循环嵌套打印以下图形。

```
* * * * * * * * * *
* * * * * * * * * *
* * * * * * * * * *
* * * * * * * * * *
* * * * * * * * * *
* * * * * * * * * *
* * * * * * * * * *
```

* * * * * * * * * *
* * * * * * * * * *
* * * * * * * * * *

参考程序一：

```
i=1
while i<=10:
    j=1
    while j<=10:
        print(" * ",end="")
        j+=1
    i+=1
    print()
```

参考程序二：

```
for i in range(1,11):
    for j in range(1,11):
        print(" * ",end="")
    print()
```

⑤打印 10 行 10 列五角星,隔列换色(★☆)。

★☆★☆★☆★☆★☆
★☆★☆★☆★☆★☆
★☆★☆★☆★☆★☆
★☆★☆★☆★☆★☆
★☆★☆★☆★☆★☆
★☆★☆★☆★☆★☆
★☆★☆★☆★☆★☆
★☆★☆★☆★☆★☆
★☆★☆★☆★☆★☆
★☆★☆★☆★☆★☆

参考程序一：while 循环

```
i=1
while i<=10:
    j=1
    while j<=10:
        if  j%2==1:
            print("★",end="")
        else:
```

```
            print("☆",end="")
        j+=1
    i+=1
    print()
```

参考程序二:for 循环

```
for i in range(1,11):
    for j in range(1,11):
        if  j%2==1:
            print("★",end="")
        else:
            print("☆",end="")
    print()
```

⑥循环实现冒泡排序。

```
def paixu(li):
    max=0
    for ad in range(len(li)-1):
        for x in range(len(li)-1- ad):
            if li[x]>li[x+1]:
                max=li[x]
                li[x]=li[x+1]
                li[x+1]=max
            else:
                max=li[x+1]
    print(li)
paixu([41,23344,9353,5554,44,11,22,7557,6434,500,2000])
```

运行结果:

```
[11,22,41,44,500,2000,5554,6434,7557,9353,23344]
```

⑦选择排序算法。

参考程序:

```
a=[1,2,5,25,2,3,5,3,8,6]
b=list(set(a))#建立新的列表,嵌套的是集合(除去冗余元素并自动排序)
c=[]
for j in b:
```

```
    for i in a:
        if i==j:
            c.append(i)
print(c)
```

运行结果:

```
[1,2,2,3,3,5,5,6,8,25]
#更简便的排序方式
a=[1,2,5,25,2,3,5,3,8,6]
a.sort()
print(a)
```

⑧将 1,2,3,4 四个数字,组成互不相同且无重复数字的三位数,并输出所有结果。

程序分析:可填在百位、十位、个位的数字都有 4 种可能。组成所有的排列后再去掉不满足条件的排列。

参考程序:

```
for i in range(1,5):
  for j in range(1,5):
    for k in range(1,5):
      if(i!=k) and (i!=j) and (j!=k):
        print(i*100+j*10+k)
```

运行结果:

```
123
124
132
134
142
143
213
214
231
234
241
243
312
314
```

```
321
324
341
342
412
413
421
423
431
432
```

⑨一个整数,它加上 100 和加上 268 后都是一个完全平方数,计算该数是多少。

程序分析:在 10000 以内判断,将该数加上 100 后再开方,加上 268 后再开方,如果开方后的结果满足如下条件,即是结果。

参考程序:

```
import math
for i in range(10000):
    x=int(math.sqrt(i+100))
    y=int(math.sqrt(i+268))
    if(x * x==i+100) and (y * y==i+268):
        print(i)
```

运行结果:

```
21
261
1581
```

⑩输出斐波那契数列(Fibonacci sequence),即从 1,1 开始,后面每一项等于前面两项之和。

参考程序:

```
#递归实现
def Fib(n):
    return 1 if n<=2 else Fib(n-1)+Fib(n-2)
    print(Fib(int(input("请输入输出数列的项数:"))))
#普通实现
target=int(input("请输入输出数列的项数:"))
res=0
a,b=1,1
```

```
for i in range(target-1):
    a,b=b,a+b
    print(a)
```

运行结果:

```
请输入输出的个数:10
1
1
2
3
5
8
13
21
34
55
```

⑪输出所有的“水仙花数”。“水仙花数”是指一个三位数,其各位数字立方和等于该数本身。例如:153 是一个“水仙花数”,因为 $153=1^3+5^3+3^3$。

参考程序:

```
for i in range(100,1000):
    s=str(i)
    one=int(s[-1])
    ten=int(s[-2])
    hun=int(s[-3])
    if i==one**3+ten**3+hun**3:
        print(i)
```

运行结果:

```
153
370
371
407
```

⑫猴子偷桃。猴子第一天摘下若干个桃子,当即吃了一半,还不过瘾,又多吃了一个。第二天早上将剩下的桃子吃掉一半,又多吃了一个。之后每天早上都将前一天剩下的桃子吃掉一半,再多吃一个。到第 10 天早上想再吃时,见只剩下一个桃子了。求猴子第一天共摘了多少个桃子。

程序分析:按规则反向推断,猴子有一个桃子,它偷来一个桃子,觉得不够又偷来了与手上等量的桃子,如此重复,一共偷了9天,求猴子一共有多少个桃子。

参考程序:

```
peach=1
for i in range(9):
    peach=(peach+1)*2
print(peach)
```

运行结果:

```
1534
```

⑬学生管理系统设计。实现录入学生信息、查找学生信息、删除学生信息、修改学生信息、排序、统计学生总人数、显示所有学生信息、退出系统等功能。

参考程序:

```
import re                    #导入正则表达式模块
import os                    #导入操作系统模块
filename="students.txt"      #定义保存学生信息的文件名
def menu():
    #输出菜单
    print('''
    ——————————学生信息管理系统————————————————
      ================功能菜单 ================

        1 录入学生信息
        2 查找学生信息
        3 删除学生信息
        4 修改学生信息
        5 排序
        6 统计学生总人数
        7 显示所有学生信息
        0 退出系统
      ========================================
    说明:通过数字或↑↓方向键选择菜单
    ——————————————————————————————————————————————
    ''')
def main():
```

```
    ctrl=True                                   #标记是否退出系统
    while(ctrl):
        menu()                                  #显示菜单
        option=input("请选择:")                 #选择菜单项
        option_str=re.sub("\D","",option)  #提取数字
        if option_str in ['0','1','2','3','4','5','6','7']:
            option_int=int(option_str)
            if option_int==0:      #退出系统
                print('您已退出学生成绩管理系统！')
                ctrl=False
            elif option_int==1:  #录入学生成绩信息
                insert()
            elif option_int==2:  #查找学生成绩信息
                search()
            elif option_int==3:  #删除学生成绩信息
                delete()
            elif option_int==4:  #修改学生成绩信息
                modify()
            elif option_int==5:  #排序
                sort()
            elif option_int==6:  #统计学生总数
                total()
            elif option_int==7:  #显示所有学生信息
                show()
'''1 录入学生信息'''
def insert():
    studentList=[]                  #保存学生信息的列表
    mark=True                       #是否继续添加
    while mark:
        id=input("请输入 ID(如 1001):")
        if not id:                  #ID 为空,跳出循环
            break
        name=input("请输入名字:")
        if not name:                #名字为空,跳出循环
            break
        try:
            english=int(input("请输入英语成绩:"))
```

```
                python=int(input("请输入 Python 成绩:"))
                c=int(input("请输入 C 语言成绩:"))
            except:
                print("输入无效,不是整型数值...重新录入信息")
                continue
            student={"id":id,"name":name,"english":english,"python":python,"c":c}
    #将输入的学生信息保存到字典
            studentList.append(student)  #将学生字典添加到列表中
            inputMark=input("是否继续添加?(y/n):")
            if inputMark=="y":           #继续添加
                mark=True
            else:                        #不继续添加
                mark=False
        save(studentList)                #将学生信息保存到文件
        print("学生信息录入完毕!!!")
#将学生信息保存到文件
def save(student):
    try:
        students_txt=open(filename,"a")  #以追加模式打开
    except Exception as e:
        students_txt=open(filename,"w")  #文件不存在,创建文件并打开
    for info in student:
        students_txt.write(str(info)+"\n")  #按行存储,添加换行符
    students_txt.close()  #关闭文件
'''2 查找学生成绩信息'''
def search():
    mark=True
    student_query=[]                     #保存查询结果的学生列表
    while mark:
        id=""
        name=""
        if os.path.exists(filename):     #判断文件是否存在
            mode=input("按 ID 查输入 1;按姓名查输入 2:")
            if mode=="1":
                id=input("请输入学生 ID:")
            elif mode=="2":
                name=input("请输入学生姓名:")
```

```
            else:
                print("您的输入有误,请重新输入!")
                search()  #重新查询
            with open(filename,'r')as file:                  #打开文件
                student=file.readlines()                     #读取全部内容
                for list in student:
                    d=dict(eval(list))                       #字符串转字典
                    if id is not "":                         #判断是否按 ID 查
                        if d['id']==id:
                            student_query.append(d)          #将找到的学生信息保存
                                                              到列表中
                    elif name is not "":                     #判断是否按姓名查
                        if d['name']==name:
                            student_query.append(d)          #将找到的学生信息保存
                                                              到列表中
                show_student(student_query)                  #显示查询结果
                student_query.clear()                        #清空列表
                inputMark=input("是否继续查询?(y/n):")
                if inputMark=="y":
                    mark=True
                else:
                    mark=False
        else:
            print("暂未保存数据信息...")
            return
'''3 删除学生成绩信息'''
def delete():
    mark=True                                                #标记是否循环
    while mark:
        studentId=input("请输入要删除的学生 ID:")
        if studentId is not "":                              #判断要删除的学生是否存在
            if os.path.exists(filename):                     #判断文件是否存在
                with open(filename,'r') as rfile:            #打开文件
                    student_old=rfile.readlines()            #读取全部内容
            else:
                student_old=[]
            ifdel=False                                      #标记是否删除
```

```
            if student_old:  #如果存在学生信息
                with open(filename,'w') as wfile:              #以写方式打开文件
                    d={}  #定义空字典
                    for list in student_old:
                        d=dict(eval(list))                     # 字符串转字典
                        if d['id'] != studentId:
                            wfile.write(str(d)+"\n")           #将一条学生信息写入
                                                                文件
                        else:
                            ifdel=True                         #标记已经删除
                    if ifdel:
                        print("ID 为%s 的学生信息已经被删除..." % studentId)
                    else:
                        print("没有找到 ID 为%s 的学生信息..." % studentId)
            else:  #不存在学生信息
                print("无学生信息...")
                break  #退出循环
            show()  #显示全部学生信息
            inputMark=input("是否继续删除?(y/n):")
            if inputMark=="y":
                mark=True  #继续删除
            else:
                mark=False  #退出删除学生信息功能
'''4 修改学生成绩信息'''
def modify():
    show()  #显示全部学生信息
    if os.path.exists(filename):                 #判断文件是否存在
        with open(filename,'r') as rfile:        #打开文件
            student_old=rfile.readlines()        #读取全部内容
    else:
        return
    studentid=input("请输入要修改的学生 ID:")
    with open(filename,"w") as wfile:            #以写模式打开文件
        for student in student_old:
            d=dict(eval(student))                #字符串转字典
            if d["id"]==studentid:               #是否为要修改的学生
                print("找到了这名学生,可以修改他的信息!")
```

```
                while True:  #输入要修改的信息
                    try:
                        d["name"]=input("请输入姓名:")
                        d["english"]=int(input("请输入英语成绩:"))
                        d["python"]=int(input("请输入 Python 成绩:"))
                        d["c"]=int(input("请输入 C 语言成绩:"))
                    except:
                        print("您的输入有误,请重新输入。")
                    else:
                        break                   #跳出循环
                student=str(d)                  #将字典转换为字符串
                wfile.write(student+"\n")       #将修改的信息写入文件
                print("修改成功!")
            else:
                wfile.write(student)            #将未修改的信息写入文件
    mark=input("是否继续修改其他学生信息?(y/n):")
    if mark=="y":
        modify()                                #重新执行修改操作
'''5 排序'''
def sort():
    show()  #显示全部学生信息
    if os.path.exists(filename):                #判断文件是否存在
        with open(filename,'r') as file:        #打开文件
            student_old=file.readlines()        #读取全部内容
            student_new=[]
        for list in student_old:
            d=dict(eval(list))                  #字符串转字典
            student_new.append(d)               #将转换后的字典添加到列表中
    else:
        return
    ascORdesc=input("请选择(0 升序;1 降序):")
    if ascORdesc=="0":  #按升序排序
        ascORdescBool=False                     #标记变量,为 False 表示升序排序
    elif ascORdesc=="1":  #按降序排序
        ascORdescBool=True                      #标记变量,为 True 表示降序排序
    else:
        print("您的输入有误,请重新输入!")
```

```
        sort()
    mode=input("请选择排序方式(1 按英语成绩排序;2 按 Python 成绩排序;3 按 C 语言成绩排序;0 按总成绩排序):")
    if mode=="1":  #按英语成绩排序
        student_new.sort(key=lambda x:x["english"],reverse=ascORdescBool)
    elif mode=="2":  # 按 Python 成绩排序
        student_new.sort(key=lambda x:x["python"],reverse=ascORdescBool)
    elif mode=="3":  #按 C 语言成绩排序
        student_new.sort(key=lambda x:x["c"],reverse=ascORdescBool)
    elif mode=="0":  #按总成绩排序
        student_new.sort(key=lambda x:x["english"]+x["python"]+x["c"],reverse=ascORdescBool)
    else:
        print("您的输入有误,请重新输入!")
        sort()
    show_student(student_new)  #显示排序结果
'''6 统计学生总数'''
def total():
    if os.path.exists(filename):  #判断文件是否存在
        with open(filename,'r') as rfile:  # 打开文件
            student_old = rfile.readlines()  #读取全部内容
            if student_old:
                print("一共有%d 名学生!"%len(student_old))
            else:
                print("还没有录入学生信息!")
    else:
        print("暂未保存数据信息...")
'''7 显示所有学生信息'''
def show():
    student_new=[]
    if os.path.exists(filename):  #判断文件是否存在
        with open(filename,'r') as rfile:  #打开文件
            student_old=rfile.readlines()  #读取全部内容
        for list in student_old:
   student_new.append(eval(list))  # 将找到的学生信息保存到列表中
        if student_new:
            show_student(student_new)
```

```
    else:
        print("暂未保存数据信息...")
#将保存在列表中的学生信息显示出来
def show_student(studentList):
    if not studentList:
        print("(o@.@o)无数据信息(o@.@o)\n")
        return
    format_title="{:^6}{:^12}\t{:^8}\t{:^10}\t{:^10}\t{:^10}"
    print(format_title.format("ID","名字","英语成绩","Python 成绩","C 语言成
绩","总成绩"))
    format_data="{:^6}{:^12}\t{:^12}\t{:^12}\t{:^12}\t{:^12}"
    for info in studentList:
        print(format_data.format(info.get("id"),info.get("name"),str(info.get
("english")),str(info.get("python")),
                                              str(info.get("c")),
                                               str(info.get("english")+info.get("python")+
info.get("c")).center(12)))
if__name__=="__main__":
    main()
```

程序运行情况如图 4-2—图 4-9 所示。

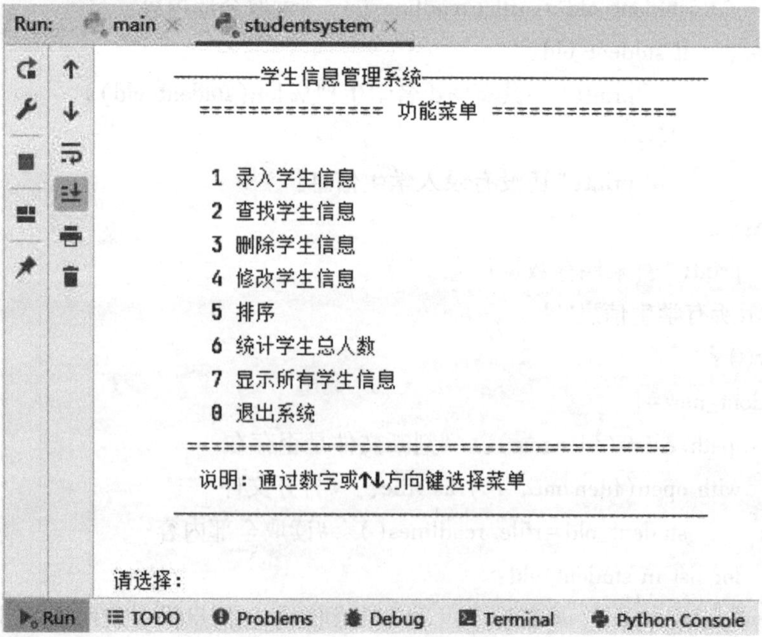

图 4-2　程序运行

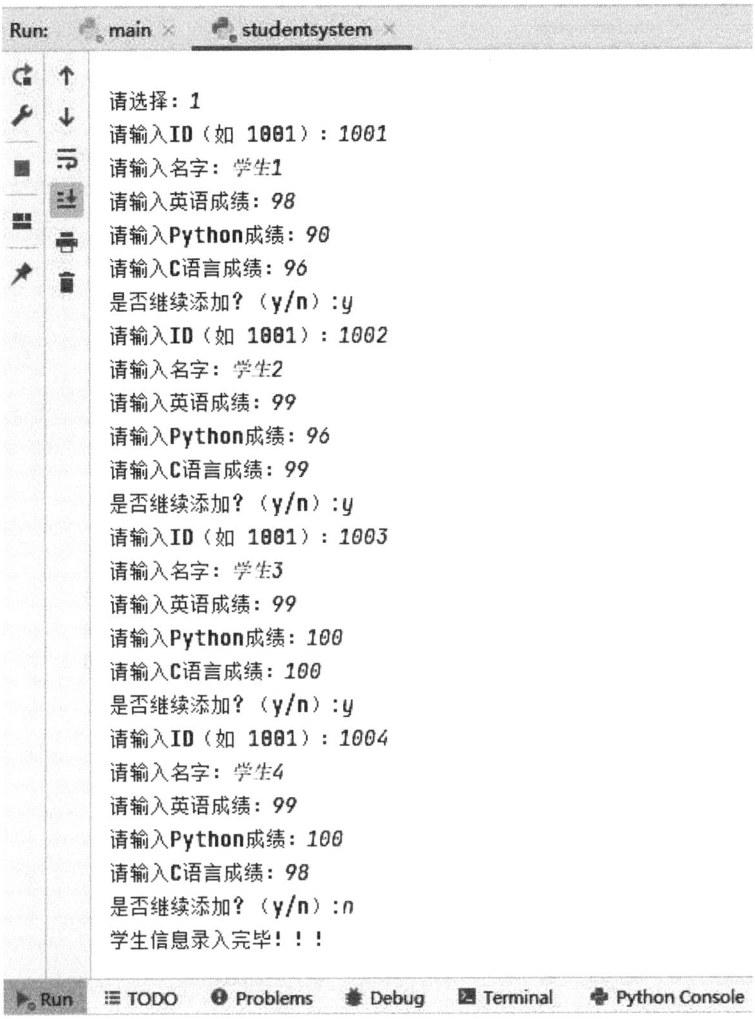

Run: main studentsystem
请选择：1
请输入ID（如 1001）：1001
请输入名字：学生1
请输入英语成绩：98
请输入Python成绩：90
请输入C语言成绩：96
是否继续添加？（y/n）:y
请输入ID（如 1001）：1002
请输入名字：学生2
请输入英语成绩：99
请输入Python成绩：96
请输入C语言成绩：99
是否继续添加？（y/n）:y
请输入ID（如 1001）：1003
请输入名字：学生3
请输入英语成绩：99
请输入Python成绩：100
请输入C语言成绩：100
是否继续添加？（y/n）:y
请输入ID（如 1001）：1004
请输入名字：学生4
请输入英语成绩：99
请输入Python成绩：100
请输入C语言成绩：98
是否继续添加？（y/n）:n
学生信息录入完毕！！！
Run TODO Problems Debug Terminal Python Console

图 4-3　录入学生信息

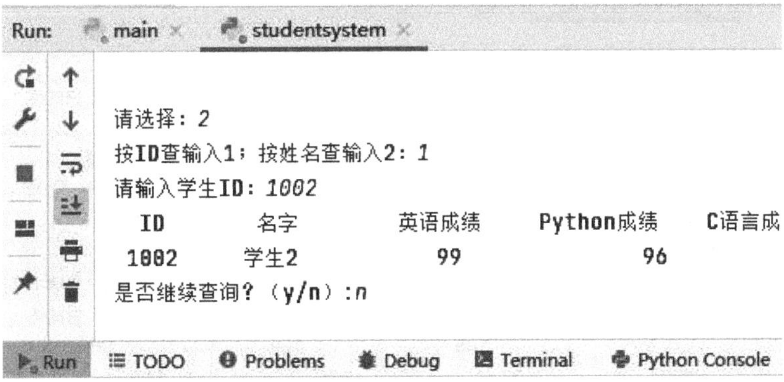

图 4-4　查找学生信息

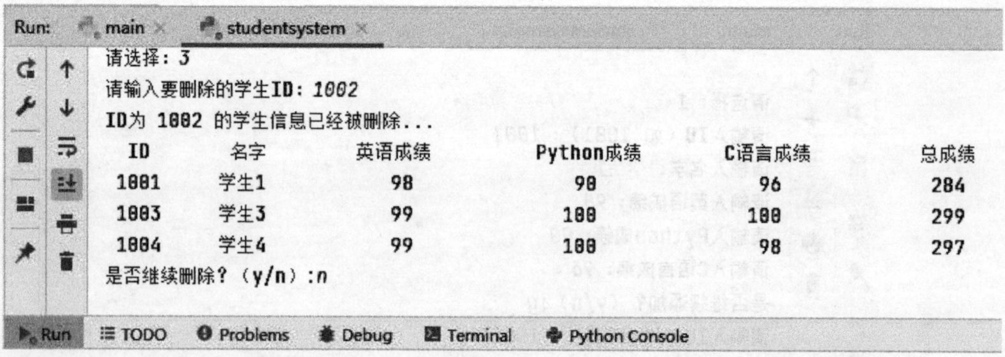

Run: main studentsystem
请选择：3
请输入要删除的学生ID：1002
ID为 1002 的学生信息已经被删除...
ID 名字 英语成绩 Python成绩 C语言成绩 总成绩
1001 学生1 98 90 96 284
1003 学生3 99 100 100 299
1004 学生4 99 100 98 297
是否继续删除？（y/n）:n
Run TODO Problems Debug Terminal Python Console

图 4-5　删除学生信息

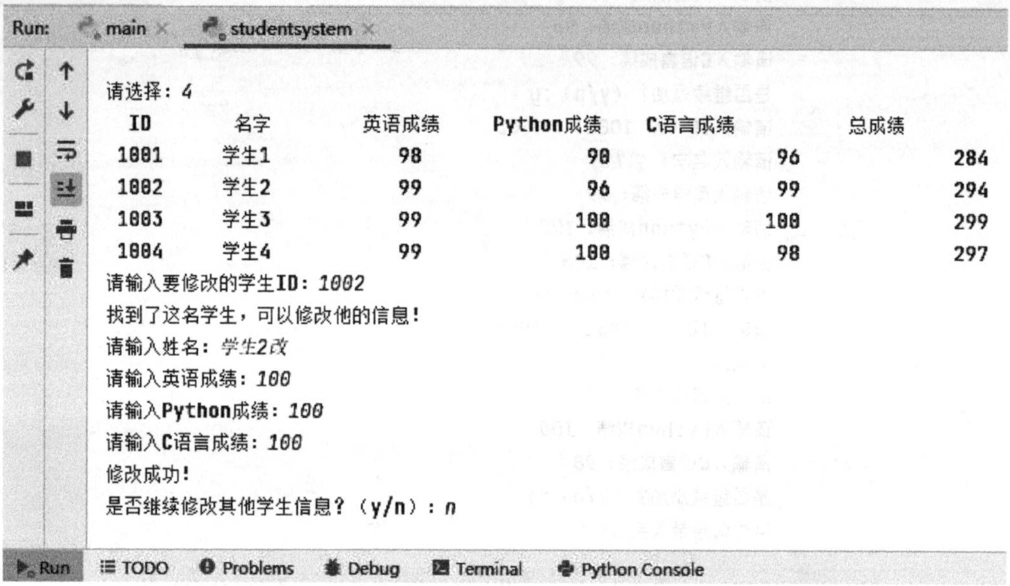

Run: main studentsystem
请选择：4
ID 名字 英语成绩 Python成绩 C语言成绩 总成绩
1001 学生1 98 90 96 284
1002 学生2 99 96 99 294
1003 学生3 99 100 100 299
1004 学生4 99 100 98 297
请输入要修改的学生ID：1002
找到了这名学生，可以修改他的信息！
请输入姓名：学生2改
请输入英语成绩：100
请输入Python成绩：100
请输入C语言成绩：100
修改成功！
是否继续修改其他学生信息？（y/n）：n
Run TODO Problems Debug Terminal Python Console

图 4-6　修改学生信息

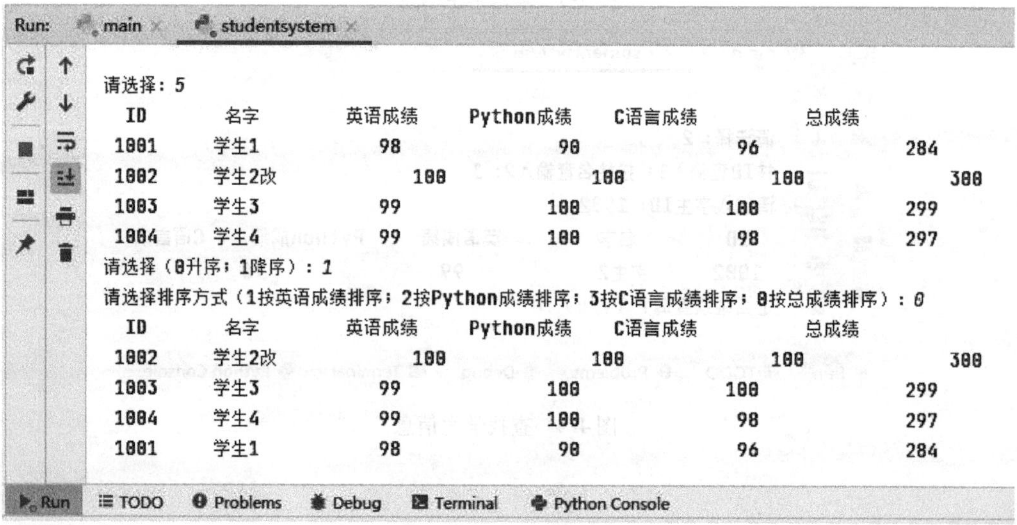

Run: main studentsystem
请选择：5
ID 名字 英语成绩 Python成绩 C语言成绩 总成绩
1001 学生1 98 90 96 284
1002 学生2改 100 100 100 300
1003 学生3 99 100 100 299
1004 学生4 99 100 98 297
请选择（0升序；1降序）：1
请选择排序方式（1按英语成绩排序；2按Python成绩排序；3按C语言成绩排序；0按总成绩排序）：0
ID 名字 英语成绩 Python成绩 C语言成绩 总成绩
1002 学生2改 100 100 100 300
1003 学生3 99 100 100 299
1004 学生4 99 100 98 297
1001 学生1 98 90 96 284
Run TODO Problems Debug Terminal Python Console

图 4-7　排序

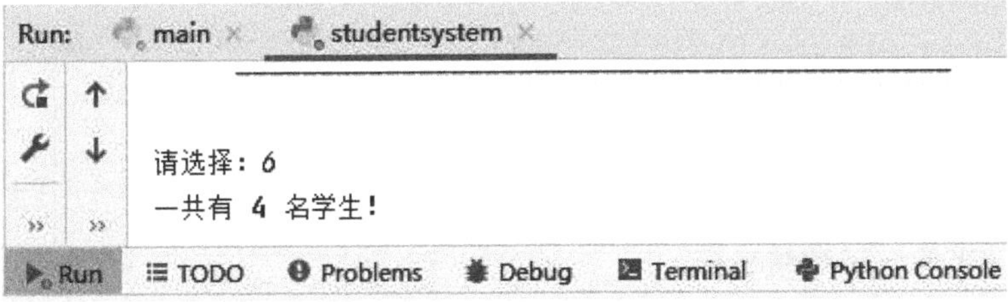

图 4-8　统计学生总人数

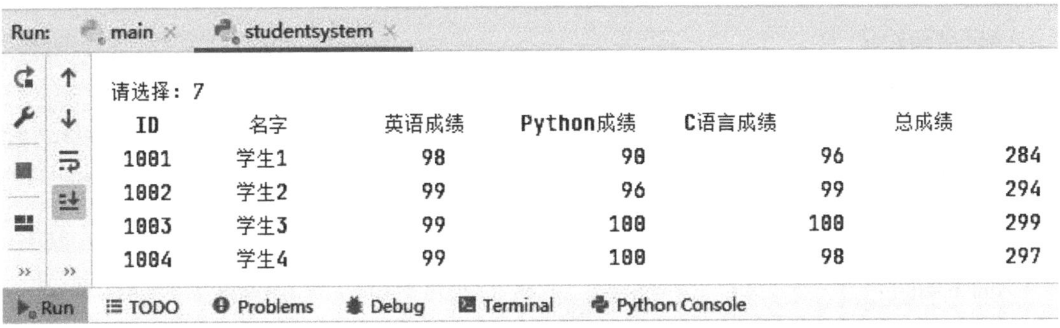

图 4-9　显示所有学生信息

⑭五子棋（控制台版）设计。五子棋（控制台版）游戏的功能都体现在控制台界面中，它的操作非常简单，只要按照提示输入坐标（坐标形式为 A1、B3、J7 等形式），并按回车键即可，如果输入正确，则在棋盘上显示下的棋子，如图 4-10 所示。

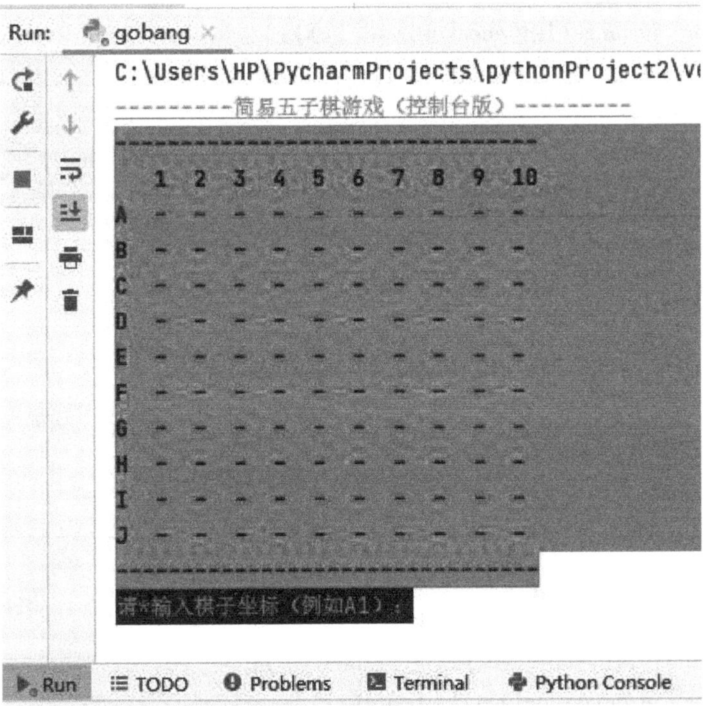

图 4-10　游戏主界面

参考程序：

```
finish=False #游戏是否结束
flagNum=1   #当前下棋者标记
flagch='*'   #当前下棋者棋子
x=0     #当前棋子的横坐标
y=0     #当前棋子的纵坐标
print('\033[1;37;4m---------简易五子棋游戏(控制台版)---------\033[0m')
#棋盘初始化
checkerboard=[]
for i in range(10):
    checkerboard.append([])
    for j in range(10):
        checkerboard[i].append('-')
def msg():
    #输出最后胜利的棋盘
    print("\033[1;37;44m----------------------------------")
    print("   1  2  3  4  5  6  7  8  9  10")
    fori in range(len(checkerboard)):
        print(chr(i+ord('A'))+" ",end='')
        for j in range(len(checkerboard[i])):
            print(checkerboard[i][j]+" ",end=' ')
        print()
    print("----------------------------------\033[0m")
    #输出赢家
    if (flagNum==1):
        print('\033[32m*棋胜利! ***\033[0m')
    else:
        print('\033[32mo棋胜利! ***\033[0m')

while not finish:
    #打印棋盘
    print("\033[1;30;46m----------------------------------")
    print("   1  2  3  4  5  6  7  8  9  10")
    for i in range(len(checkerboard)):
        print(chr(i+ord('A'))+" ",end=' ');
        for j in range(len(checkerboard[i])):
            print(checkerboard[i][j]+" ",end=' ')
        print()
```

```
    print("-------------------------------\033[0m")
    # 判断当前下棋者
    if flagNum==1:
        flagch='*'
        print('\033[1;37;40m请*输入棋子坐标(例如A1):\033[0m',end='') #
白字黑底
    else:
        flagch='o'
        print('\033[1;30;42m请o输入棋子坐标(例如J5):\033[0m',end='') #
黑字绿底
    #输入棋子坐标
    str=input()
    ch=str[0]#获取第一个字符的大写形式
    x=ord(ch)-65
    y=int(str[1])-1
    #判断坐标是否在棋盘内
    if(x<0 or x>9 or y<0 or y>9):
        print('\033[31m***您输入的坐标有误请重新输入! ***\033[0m')
        continue
    #判断坐标上是否有棋子
    if(checkerboard[x][y]=='-'):
        if(flagNum==1):
            checkerboard[x][y]='*'
        else:
            checkerboard[x][y]='o'
    else:
        print('\033[31m******您输入位置已经有其他棋子,请重新输入! \
033[0m')
        continue
    #判断棋子左侧
    if(y-4>=0):
        if(checkerboard[x][y-1]==flagch
                and checkerboard[x][y-2]==flagch
                and checkerboard[x][y-3]==flagch
                and checkerboard[x][y-4]==flagch):
            finish=True
            msg()
```

```
#判断棋子右侧
if(y+4<=9):
    if(checkerboard[x][y+1]==flagch
            and checkerboard[x][y+2]==flagch
            and checkerboard[x][y+3]==flagch
            and checkerboard[x][y+4]==flagch):
        finish=True
        msg()

#判断棋子上方
if(x-4>=0):
    if(checkerboard[x-1][y]==flagch
            and checkerboard[x-2][y]==flagch
            and checkerboard[x-3][y]==flagch
            and checkerboard[x-4][y]==flagch):
        finish=True
        msg()

#判断棋子下方
if(x+4<=9):
    if(checkerboard[x+1][y]==flagch
            and checkerboard[x+2][y]==flagch
            and checkerboard[x+3][y]==flagch
            and checkerboard[x+4][y]==flagch):
        finish=True
        msg()

#判断棋子右上方向
if(x-4>=0 and y-4>=0):
    if(checkerboard[x-1][y-1]==flagch
            and checkerboard[x-2][y-2]==flagch
            and checkerboard[x-3][y-3]==flagch
            and checkerboard[x-4][y-4]==flagch):
        finish=True
        msg()

#判断棋子右下方向
```

```
if(x+4<=9 and y-4>=0):
    if(checkerboard[x+1][y-1]==flagch
            and checkerboard[x+2][y-2]==flagch
            and checkerboard[x+3][y-3]==flagch
            and checkerboard[x+4][y-4]==flagch):
        finish=True
        msg()

#判断棋子左上方向
if(x-4>=0 and y+4<=9):
    if(checkerboard[x-1][y+1]==flagch
            and checkerboard[x-2][y+2]==flagch
            and checkerboard[x-3][y+3]==flagch
            and checkerboard[x-4][y+4]==flagch):
        finish=True
        msg()

#判断棋子左下方向
if(x+4<=9 and y+4<=9):
    if(checkerboard[x+1][y+1]==flagch
            and checkerboard[x+2][y+2]==flagch
            and checkerboard[x+3][y+3]==flagch
            and checkerboard[x+4][y+4]==flagch):
        finish=True
        msg()
    flagNum *=-1; #更换下棋者标记
```

项目 5
函数

【实训目标】

- 掌握函数的定义与使用方法。
- 掌握函数的参数传递和变量的作用域。
- 掌握函数的自定义模块调用和使用的方法。

【技能基础】

一个人要取得事业的成功,除了依靠个人的努力奋斗,还需要他人、社会各方面的大力支持和帮助。因此,一个人要善于与他人沟通、合作,树立团队合作意识,要主动融入集体和社会,只有这样,才能实现远大的人生目标。我们今天要讲的函数就是一种程序语句的"协同合作"。

在编程的语境下,"函数"这个词的意思是对一系列语句的组合,这些语句共同完成一种运算。定义函数的时候,要给这个函数指定一个名字,同时写出进行运算的语句。定义完成后,就可以通过函数名来"调用"函数。

具体定义:函数(Functions)是指可重复使用的程序片段。它们允许为某个代码块赋予名字,允许通过这一特殊的名字在程序任何地方来运行代码块,并可重复任何次数。这就是所谓的调用(Calling)函数。

通过观察不难发现,Python 中有些函数无须定义,使用时直接将要处理的对象放入函数名后面的括号中,即可得到处理结果。以 3.50 版本为例,一共存在 68 个这样的函数,它们被统称为内置函数(Built-in Functions),见表 5-1。内置函数即这些函数是 Python"自带"的,在 3.50 版本安装完成后就可以直接使用。之前的实例中已经用到了许多内置函数,例如 len()和 range()函数。

表 5-1　Python 函数

内置函数(Built-in Functions)				
abs()	dict()	help()	min()	setattr()
all()	dir()	hex()	next()	slice()

续表

内置函数(Built-in Functions)				
any()	divmod()	id()	object()	sorted()
ascii()	enumerate()	input()	oct()	staticmethod()
bin()	evalu()	int()	open()	str()
bool()	exec()	isinstance()	ordu()	sum()
bytearray()	filter()	issubclass()	pow()	super()
bytes()	float()	iter()	print()	tuple()
callabled()	format()	len()	property()	type()
chr()	frozenset()	list()	range()	vars()
classmethod()	getattr()	locals()	repr()	zip()
compile()	globals()	map()	reversed()	_import_()
complex()	hasattru()	max()	round()	
delttr()	hash()	memoryview()	set()	

函数可能是在各种复杂的软件(无论使用的是何种编程语言)中最重要的构建块，所以接下来将在本章中探讨有关函数的各个方面。Python 中通过关键字 def 来定义函数,这一关键字后跟一个函数的标识符名称，再跟一对圆括号，其中可以包括一些变量的名称，再以冒号结尾，下一行开始则写出该函数的语句块。

案例(保存为 example. py)如下:

```
def say_hello():
              #该块属于这一函数
print('hello world')
#函数结束
say_hello()   #调用函数
say_hello()   #再次调用函数
```

运行结果:

```
$ python function1. py
hello world
hello world
```

它是如何工作的? 定义名为 say_hello 的函数,这个函数不使用参数，因此在括号中没有声明变量。函数的参数只是输入函数之中，以便传递不同的值给它，并获得相应的结果。要注意到可以两次调用相同的函数，不必重新把代码再写一次。

5.1 函数定义和调用

5.1.1 函数的定义

函数定义的格式如下：

```
def 函数名(参数):
    …这里是一个函数的注释，
  下面是函数的代码块…
    function_suite
    return[返回的值]
```

- def：声明函数的关键词。
- fn：函数变量名。
- ()：参数列表，参数个数可以为 0 ~ n 个，但是()一定不能丢。
- function_suite：函数体，完成功能的具体代码。
- return：函数的返回值。

函数由四个部分组成：

- 函数名：使用该函数的依据。
- 函数体：完成功能的代码块。
- 返回值：功能完成的反馈结果。
- 参数：完成功能需要的条件信息。

5.1.2 函数的调用

函数名：拿到函数的地址。
函数名()：拿到函数的地址，并执行函数中存放的代码块(函数体)。
函数名(参数)：执行函数并传入参数。
例如：

```
def fn(num):
    print("传入的 num 值:%s" % num)
    return '收到了'
res=fn(10)
```

运行结果：

```
传入的 num 值:10
收到了
```

5.1.3　Python 自定义函数的5种常见形式

(1)标准自定义函数

形参列表是标准的 tuple 数据类型。

```
>>> def abvedu_add(x,y):
print(x+y)
>>>abvedu_add(3,6)
9
```

(2)没有形参的自定义函数

该形式是标准自定义函数的特例。

```
>>>def abvedu_print():
print("hello Python!")
>>> abvedu_print()
hello Python!
```

(3)使用默认值的自定义函数

在定义函数指定参数时,有时候会有一些默认的值,可以利用"="先指定在参数列表上,如果在调用的时候没有设置此参数,那么该参数就使用默认的值。

```
>>>def abvedu_printSymbol(n,symbol="%"):
for i in range(1,n+1):
print(symbol,end="")
print()
>>>abvedu_printSymbol(6)
% % % % % %
>>>abvedu_printSymbol(9,"@")
@@@@@@@@@
```

(4)参数个数不确定的自定义函数

此函数可以接受没有预先设置的参数个数,定义方法是在参数的前面加上"*"。

```
>>>def abvedu_main(*args):
print("参数分别是:")
for arg in args:
print(arg)
>>>abvedu_main(1,2,3)
参数分别是:
1
2
```

```
3
>>>abvedu_main(6,9)
参数分别是:
6
9
>>>abvedu_main('a','b','v','e',"du")
参数分别是:
a
b
v
e
du
```

(5)使用 lambda 隐函数的自定义函数

Python 提供了一种非常有趣、精简好用的一行自定义函数的方法 lambda,这是一种可以实现一行语句、用完即丢的自定义函数。语法形式是:

lambda 参数列表:执行语句

它对应的标准自定义函数形式:

```
def 函数名称(参数列表):
return 语句内容
```

这种定义方式可以和 map 函数一起使用,示例如下:

```
>>>x=range(1,9)
>>>x
range(1,9)
>>>y=map(lambda i:i**3,x)
>>>for i,value in enumerate(y):
print("{}^3={}".format(i,value))
0^3=1
1^3=8
2^3=27
3^3=64
4^3=125
5^3=216
6^3=343
7^3=512
```

【例 5-1】　密码、金额验证。

```
def get_money_fromATM(cardno,password,money):
    #密码要求是 6 位字符串类型
    if type(password) is str and len(password)==6:
        print('密码正确')
    else:
        print('密码格式错误')
    #金额小于 3000 元的能被 100 整除的整数
    if type(money) is int:
        if money%100==0 and money<=3000:
            print('金额正确')
        else:
            print('金额格式错误,请重新输入')
get_money_fromATM(12412412412,'123456',2300)
```

运行结果:

```
密码正确
金额正确
```

【例 5-2】　计算矩形面积的函数。

```
#计算矩形面积的函数
def z(x,y):
    i=x*y
    print(i)

z(2,7)
```

运行结果:

```
14
```

【例 5-3】　计算两个数之和。

```
def sum(x,y):
    z=x+y
    print(z)
z=sum(5,9)
```

运行结果:

```
14
```

【例 5-4】 写函数,接收 n 个数字,求这些参数数字的和。

```
def sum_func( * args):
    sm=0
    for i in args:
        sm +=i
    return sm

print(sum_func(1,2,3,7,4,5,6))
```

运行结果:

```
28
```

【例 5-5】 给一个文件写入日志信息。

```
import time
#定义函数
def test1():
    '函数练习:添加日志记录'
    log_time=time.strftime('%Y-%m-%d %X')
    with open('file_a','a') as f:
        f.write(log_time+':log msg\n')
#调用函数
test1()
```

【例 5-6】 判定一个学生的成绩是及格还是不及格。

```
def judge_score(score):
  if score>=60:
    print('Pass')
  else:
    print('Fail')
```

运行结果:

```
judge_score(59)
Fail
j=judge_score(61)
Pass
```

【例5-7】 比较两个数,并返回较大的数。

```
def max(a,b):
    if a>b:
        return a
    else:
        return b
a=4
b=5
print(max(a,b))
```

运行结果:

```
5
```

函数定义应注意:

①函数代码块以 def 关键词开头,后接函数标识符名称和圆括号()。

②任何传入参数和自变量必须放在圆括号内,圆括号之间可以用于定义参数。函数的第一行语句可以选择性地使用文档字符串,用于存放函数说明。

③函数内容以冒号起始,并且缩进。

④return[表达式]结束函数,选择性地返回一个值给调用方。不带表达式的 return 相当于返回 None。

5.2 函数参数

Python 中函数的参数可以分为两大类:形参和实参。

```
def func(x,y):# x,y 就是形参
print(x,y)
func(2,3) # 2,3 就是实参
```

5.2.1 形参

形参(如上面的 x,y)仅在定义的函数中有效,函数调用结束后,不能再使用该形参变量。在调用函数时,该函数中的形参才会被分配内存,并赋值;函数调用结束,分配的内存空间也随即释放。

5.2.2 实参

实参即在调用函数时,向该函数形参传递的确定的值(必须是确定的值)。传递的值可以是常量、变量、表达式、函数等形式。

形式一:

```
func(1,2)
```

形式二：

```
a=1
b=2
func(a,b)
```

形式三：

```
func(int('1'),2)
func(func1(1,2,),func2(2,3),333)    #函数调用结果也可以作为值传入
```

形参与实参的关系：

①在调用阶段，实参（变量值）会绑定给形参（变量名），这种绑定关系只能在函数体内使用。

②实参与形参的绑定关系在函数调用时生效，函数调用结束后解除绑定关系。

5.2.3 形参与实参的具体使用

形参和实参又可以细化为多种参数，如必需参数、关键字参数、默认形参、可变长参数，下面一一介绍。

（1）必需参数

必需参数须以正确的顺序传入函数。调用时的数量必须和声明时的一样。

调用 printme() 函数，必须传入一个参数，不然会出现语法错误。

```
#! /usr/bin/python3


    #可写函数说明
    def printme( str ):
        "打印任何传入的字符串"
        print (str)
        return
```

运行结果：

```
Traceback (most recent call last):
      File "test. py", line 10, in <module>
        printme()
    TypeError: printme() missing 1 required positional argument: 'str'
```

（2）关键字参数

关键字参数针对实参，即实参在定义时，按照 key=value 形式定义。

```
def func(x,y,z):
print(x,y,z)
func(1,z=2,y=3)
```

关键字参数可以不用像位置参数一样与形参一一对应，例如这里可以是 z 在前面，y 在后面。

使用注意：

①在调用函数时，位置实参必须在关键字实参的前面。

```
def func(x,y,z):
print(x,y,z)
#位置参数和关键字参数混合使用的时候
func(1,z=2,y=3) #正确
func(x=1,z=2,3) #错误
```

②一个形参不能重复传值。

```
def func(x,y,z):
print(x,y,z)
func(1,x=2,y=3,z=4) #错误,形参 x 重复传值
```

此外，关键字参数和可变参数类似，参数的个数都是可变的，所以也常被称作可变关键字参数，但是和可变参数的区别在于关键字参数在调用的时候会被组装成一个字典 dict，而且参数是带参数名的，关键字参数在定义的时候用两个符号 * * 表示，和可变参数类似，以下列具体代码为例。

```
#关键字参数
def keyWordParams( * * params):
    print(params)            #关键字参数会被组装成一个字典 dict
dict = {'a':6,'b':3}
keyWordParams(a=6,b=3)
keyWordParams( * * dict)  #如果已经存在了一个 dict,可以使用 * * 来把参数当作关键字参数传入
```

运行结果：

```
{'a':6,'b':3}
{'a':6,'b':3}
```

以下示例中演示了函数参数的使用不需要指定顺序：

```
#! /usr/bin/python3

#可写函数说明
def printinfo( name, age ):
    "打印任何传入的字符串"
```

```
    print（"名字："，name）
    print（"年龄："，age）
    return

#调用 printinfo 函数
printinfo( age=50，name="runoob" )
```

运行结果：

```
名字： runoob
年龄： 50
```

Python 不再根据位置为参数赋值，而是通过参数名字匹配对应的参数值。这种写法可读性更高。

(3)默认参数

默认参数即在函数的定义的时候就给形参赋了默认值，在函数调用的时候可以不传这个默认参数，比如计算 m～n 的正整数之和，可以分别给定 m 和 n 两个默认值 1 和 100，这样再调用该函数的时候即使不传任何参数，该函数也会使用默认值来计算 1～100 的正整数之和。

```
def function(x,y=10):# y 即为默认参数
pass
#函数调用阶段，必须为 x 传值(位置形参)，可以为 y 传值，也可以不传，不传值就使用
默认值 10
function(1) # x=1,y=10
function(1,2) #x=1,y=2
```

默认参数使用的注意点：

①定义函数时，默认形参必须放在位置形参后面。

```
def func(y=10,x):# 错误
pass
def func(x,y=10):#正确
pass
```

②默认参数通常要定义成不可变类型，例如数字、字符串、元组等，虽然语法上支持定义成可变类型，但一般不建议这么做。

③默认参数只在定义阶段被赋值一次。

```
x=10
def func(name,age=x):
pass
x=20
func('hello')
```

提示:func 函数在定义时,age 只被赋值一次,即 age=10,下面重新指定了 x=20,不会再作用于函数中的 age 参数。

在使用默认参数的时候要特别注意的一点是,默认参数必须要指向不可变对象,比如数组、字典这些都是可变对象,是不能被用作默认参数的。例如:

```
#默认参数,注意不能使用 list 或 dict 等作为默认参数
def defaultParams(m=1,n=100):
    sum=0
    for i in range(m,n+1):
        sum+=i
    print(sum)
    return sum
#如果使用 list 数组来作为默认参数,多次调用函数的返回值会发生变化,在使用过程要特别注意
def defaultParamsTemp(list=[]):
    list.append(9)
    print(list)
    return list
defaultParams(1,3)
defaultParamsTemp()
defaultParamsTemp()
defaultParamsTemp()
```

运行结果:

```
6
[9]
[9,9]
[9,9,9]
```

(4)可变长参数

可变参数是指参数的个数是可变化的,可以是 0 个,可以是 1 个,也可以是多个,可变参数在定义的时候用符号 * 表示,而且在函数被调用的时候参数会被组装成一个 tuple(类似 list 数组的一种基本数据类型)。因此在定义函数时,若不确定调用时需要传入多少个参数,这时就可以使用可变长参数。可变长参数可以分为两类,按位置定义的可变长度的实参(*)和按关键字定义的可变长度的实参(**)。

①按位置定义的可变长度的实参。

```
def func(x,y,*args):# *args 会把传入的多余的参数以一个元组的形式存放,元组的变量名就是 args
print(x,y)
```

```
print(args)
func(1,2,3,4,5,6) # x=1,y=2,args=(3,4,5)
```

输出结果:

```
1 2
(3,4,5,6)
```

提示:'args=(3,4,5,6)',所以' *args = *(3,4,5,6)',在调用函数时,也可以使用如下方式传值(*是用来处理位置参数的,表示把后面的元组拆开)。

```
func(1,2,*(3,4,5,6))#等同于 func(1,2,3,4,5,6)
```

输出结果:

```
1 2
(3,4,5,6)
```

②按关键字定义的可变长度的实参。

```
def func(x,y,**kwargs):# **kwargs 会把多传入的参数以 dict 形式存放
print(x,y)
print(kwargs)
func(1,2,a=3,b=4,c=5) # x=1,y=2,kwargs={'a':3,'b':4,'c':5}
```

输出结果:

```
1 2
{'a':3,'b':4,'c':5}
```

提示:'kwargs = {'a':3,'b':4,'c':5}',所以' **kwargs = **{'a':3,'b':4,'c':5}',在调用函数时,也可以使用如下方式传值(** 表示关键字形式的实参,** 会将字典拆开,以关键字的形式传入)。

```
func(1,2,**{'a':3,'b':4,'c':5} ) #等同于 func(1,2,a=3,b=4,c=5)
```

输出结果:

```
1 2
{'a':3,'b':4,'c':5}
```

接收任意长度、任意形式参数的函数

```
def func(*args,**kwargs):
pass
```

调用方式:

```
func(1,2,3) #参数被 * 接受,转成元组,保存在 args 中
func(1,x=1,y=2) #1 与上述一致,x=1,y=2 被 * * 接受,转成字典的形式,保存在
kwargs 中
#前面已经提过,位置实参和关键字实参混合使用时,要注意关键字实参必须放在位置
实参的后面。
```

接下来要编写代码实现计算多个数字的平方和,多个数字即可以被当成一个可变参数传过去,具体代码如下所示:

```
#可变参数
def variableParams( * params):
print(params) #可变参数会被组装成一个 tuple
    sum = 0
    for i in params:
        sum += i * i
    print(sum)
    return sum
list = [2,4]
variableParams(2,4)
variableParams(list[0],list[1]) #如果已经存在了一个 list 数组,我们可以使用数组中
单个元素作为可变参数传入
variableParams( * list) #为了简化上面的参数调用方式,可以使用 * 来把参数当作可变
参数传入
```

运行结果:

```
(2,4)
20
(2,4)
20
(2,4)
20
```

(5)命名关键字参数

使用关键字参数允许函数调用时参数的顺序与声明时不一致,因为 Python 解释器能够用参数名匹配参数值定义函数时, * 号后面的形参就是命名关键字参数,在调用时,命名关键字参数必须要传值,而且必须要以关键字的形式传值。

```
def func( * ,name,age):# name 和 age 就是命名关键字参数
print(name)
print(age)
func(name='abc',age=2)#name 和 age 必须以关键字的形式传值
```

前面提过默认形参必须放在位置形参后面，但如下示例的函数定义中，name 和 age 都是命名关键字参数（不是默认形参，也不是位置形参），name 是命名关键字参数的默认值，所以如下示例中的函数定义方式并没有问题。

```
def func( * ,name='kitty' ,age):
print(name)
print(age)
func(age=2)
```

(6)位置参数、默认参数、可变参数的混合使用

在 Python 中定义函数，可以用位置参数、默认参数、可变参数、关键字参数和命名关键字参数，这 5 种参数都可以组合使用。

使用时须注意参数的顺序原则。位置参数、默认参数、可变参数、命名关键字参数、关键字参数，在定义函数的时候一定要严格按照这个顺序来定义函数参数，否则 Python 都不能正确解析。另外，定义函数的时候尽量避免多个参数类型混合使用，这样函数调用的可读性和理解性非常差，实际开发中通常将一到两种参数类型混合使用就差不多了。

```
#参数混合使用
def mergeParams(name,age,city='北京' , * year, * * detail):
    print('姓名:' +name)
    print('年龄:' +str(age))
    print('城市:' +city)
    for i in year:
        print('年份:' +str(i))
    print('其他:' ,detail)
year=[2017,2018]
detail={'sex' :'man' ,'interset' :'coding' }
mergeParams('谭某人' ,20)
mergeParams('谭某人' ,20,'中国' , * year, * * detail)
```

运行结果：

```
姓名:谭某人
年龄:20
城市:北京
其他:{}
姓名:谭某人
年龄:20
城市:中国
年份:2017
年份:2018
其他:{'sex' :'man' ,'interset' :'coding' }
```

【例 5-8】

```
import random
#首先创建学生的类
class Student:
def __init__(name,age,score,height):
#字段的创建与初始化,为了简化代码,突出重点知识,这里全都采用公有字段
self. name,self. age,self. score,self. height=name,age,score,height
#输出函数
def__rper__():
return"(姓名:%s 年龄:%d 成绩:%d 身高:%d)"%(self. name,
self. age,self. score,self. height)
#根据名字创建学生档案
names=["张三","李四","王五","赵六"]
ls=[]
for name in names:
s=Student(name,random. randint(13,17),random. randint(0,100),random. randint(110,
190))
ls. append(s)
#获得装有学生的列表 ls
#编写排序函数
def sort(ll,function):          # ll=ls    function=older_than 传参即是赋值
    for i in range(len(ll)-1):
        for j in range(0,len(ll)-1-i):
            if function(ll[j],ll[j+1]):
                ll[j],ls[j+1]=ll[j+1],ls[j]
#写一个比较两个学生的函数,左边的年龄大,返回真
def older_than(stu1,stu2):
    return stu1. age > stu2. age
#写一个比较两个学生的函数,右边的年龄大,返回真
def younger_than(stu1,stu2):
    return stu1. age < stu2. age
#写一个比较两个学生的函数,左边的成绩差,返回真
def score_worse(stu1,stu2):
    return stu1. score < stu2. score
#写一个比较两个学生的函数,左边的个子小,返回真
```

```
def shorter_than(stu1,stu2):
    return stu1.height < stu2.height
#调用排序函数,根据的年龄从小到大排序
sort(ls,older_than)
print(ls)
#调用排序函数,根据的年龄从大到小排序
sort(ls,younger_than)
print(ls)
#调用排序函数,根据的成绩从高到低排序
sort(ls,score_worse)
print(ls)
#调用排序函数,根据的身高从高到矮排序
sort(ls,shorter_than)
print(ls)
```

对 Python 函数参数进行总结,以下列代码为例。

```
def fn(a,b,c=10, *args,d,e=20,f, **kwargs):
    pass
```

其中,a、b 为位置形参,c 为默认形参,args 为可变长位置形参,d、f 为无初值关键字形参,e 为有初值关键字形参,kwargs 为可变长关键字参数。

参数特点如下:

①位置形参与默认形参:能用位置实参关键字实参传值。

②可变长位置形参:只能位置实参传值。

③所以关键字形参:只能关键字实参传值。

5.3 自定义模块

要自定义模块,首先就要知道什么是模块。一个函数封装一个功能,比如现在有一个软件,若要组织结构好,代码不冗余,则不能将所有程序都写入一个文件,所以要分文件,但每个文件里面可能都有相同的功能(函数),所以将这些相同的功能封装到一个文件中。模块就是文件,存放一堆函数。它是一系列常用功能的集合体,一个 py 文件就是一个模块。使用模块的优点如下。

①从文件级别组织程序,更方便管理。随着程序的发展,功能越来越多,为了方便管理,通常将程序分成一个个的文件,这样做程序的结构更清晰,方便管理。这时不仅仅可以把这些文件当作脚本去执行,还可以当作模块来导入到其他的模块中,实现了功能的重复利用。

②导入写好模块,提升开发效率。同样的原理,也可以下载别人写好的模块然后导入自己的项目中使用,可以极大地提升开发效率,避免重复造轮子。

如果退出 Python 解释器然后重新进入,之前定义的函数或者变量都将丢失,因此通常将程序写到文件中以便永久保存下来,需要时就通过 python meet. py 方式执行,此时 meet. py 被称为脚本 script。

```
print('from the meet.py')
name='xiaoming'
def read1():
    print('meet 模块:',name)
def read2():
    print('meet 模块')
    read1()
def change():
    global name
    name='meet'
```

(1)导入

import 翻译过来是导入的意思。模块可以包含可执行的语句和函数的定义,这些语句的目的是初始化模块,它们只在模块名第一次遇到导入 import 语句时才执行。import 语句可以在程序中的任意位置使用,且针对同一个模块可以 import 多次,为了防止重复导入,Python 的优化手段是第一次导入后就将模块名加载到内存,后续的 import 语句仅是对已经加载到内存中的模块对象增加了一次引用,不会重新执行模块内的语句。如下所示:

```
import spam #只在第一次导入时才执行 meet.py 内代码,此处的显式效果是只输出一次'from the meet.py',当然其他 import span 语句也都被执行了,只不过没有显示效果。
```

【例5-9】

```
import meet
import meet
import meet
import meet
import meet
```

运行结果:

```
from the meet.py   #只输出一次
```

每个模块都是一个独立的名称空间,定义在这个模块中的函数,把这个模块的名称空间当作全局名称空间,这样自己在编写模块时,就不用担心定义在自己模块中的全局变量会在被导入时与使用者的全局变量冲突。

【例 5-10】 当前是 meet. py。

```
import meet
name=' alex'
print(name)
print(meet. name)
```

运行结果：

```
from the meet. py
alex
xiaoming
```

```
import meet
def read1():
    print(666)
meet. read1()
```

运行结果：

```
from the meet. py
meet 模块:xiaoming
```

```
import meet
name = '小华'
meet. change()
print(name)
print(meet. name)
```

运行结果：

```
from the meet. py
小华
小明
```

也可以给模块起别名，别名其实就是一个绰号，通过这种方式可以将很长的模块名改成很短，以方便使用。示例如下：

```
import meet. py as t
t. read1()
```

同时，给模块起别名有利于代码的扩展和优化，示例如下：

```
#mysql.py
def sqlparse():
    print('from mysql sqlparse')
#oracle.py
def sqlparse():
    print('from oracle sqlparse')
#test.py
db_type=input('>>:')
if db_type=='mysql':
    import mysql as db
elif db_type=='oracle':
    import oracle as db
db.sqlparse()
```

(2)导入多个模块

使用示例：

```
import os
import sys
import json
```

import os,sys,json,可以这样写但是不推荐。

(3)from … import …

使用示例：

```
from meet import name,read1
print(name)
read1()
```

运行结果：

```
from the meet.py
xiaoming
meet 模块:xiaoming
```

(4)from…import… 与 import 对比

from…import 与 import 唯一的区别在于使用 from…import…则是将 spam 中的名字直接导入当前的名称空间中,所以在当前名称空间中,直接使用名字就可以了,无须加前缀 meet。

from…import…的方式使用起来更方便,但容易与当前执行文件中的名字冲突。

具体示例如下。

①执行文件有与模块同名的变量或者函数名,会有覆盖效果。

【例 5-11】

```
name='oldboy'
from meet import name,read1,read2
print(name)
```

运行结果:

```
from the meet.py
xiaoming
```

```
from meet import name,read1,read2
name='oldboy'
print(name)
```

运行结果:

```
oldboy
```

```
def read1():
    print(666)
from meet import name,read1,read2
read1()
```

运行结果:

```
from the meet.py
meet 模块:xiaoming
```

```
from meet import name,read1,read2
def read1():
    print(666)
read1()
```

运行结果:

```
from the meet.py
666
```

②当前位置直接使用 read1 和 read2 函数,执行时,仍然以 spam.py 文件全局命名。

```
#测试一:导入的函数 read1,执行时仍然回到 meet.py 中寻找全局变量 name
#test.py
from meet import read1
name = 'alex'
read1()
```

运行结果：

```
from the meet. py
meet--> read1 -->xiaoming
```

```
#测试二：导入的函数 read2,执行时需要调用 read1(),仍然回到 meet. py 中找 read1()
#test. py
from meet import read2
def read1():
    print('==========')
read2()
```

运行结果：

```
from the meet. py
meet --> read2 -->'meet 模块' --> read1 -->'xiaoming'
```

from 导入的模式也支持 as：

```
from meet import read1 as read
read()
```

from 导入的时候，一行导入多个内容：

```
from meet import read1,read2,name
```

全部导入：

```
from meet import *
#from spam import *把 spam 中所有的不是以下划线(_)开头的名字都导入当前位置
#大部分情况下 Python 程序不应该使用这种导入方式,因为*不知道导入什么名字,很有可能会覆盖掉之前已经定义的名字。而且可读性极差,在交互式环境中导入时没有问题
```

可以使用_all_来控制*(用来发布新版本),在 meet. py 中新增一行：

```
_all_=['money','read1'] #这样在另外一个文件中用 from spam import *就能导入列表中规定的两个名字
```

(5)模块循环导入问题

模块循环/嵌套导入出现异常的根本原因是在 Python 中模块被导入一次之后，就不会重新导入，只会在第一次导入时执行模块内代码，在项目中应该尽量避免出现循环/嵌套导入，如果出现多个模块都需要共享的数据，可以将共享的数据集中存放到某一个地方。在程序出现了循环/嵌套导入后的异常分析、解决方法如下（了解，以后尽量避免）。

【例 5-12】

```
#创建一个 m1. py
print(' 正在导入 m1' )
from m2 import y
x=' m1'
#创建一个 m2. py
print(' 正在导入 m2' )
from m1 import x
y=' m2'
#创建一个 run. py
import m1
```

测试一:执行 run. py 会出现异常,运行结果如下:

```
正在导入 m1
正在导入 m2
Traceback (most recent call last):
  File "/Users/linhaifeng/PycharmProjects/pro01/1 aaaa 练习目录/aa. py",line 1,in <
module>
    import m1
  File "/Users/linhaifeng/PycharmProjects/pro01/1 aaaa 练习目录/m1. py",line 2,in <
module>
    from m2 import y
  File "/Users/linhaifeng/PycharmProjects/pro01/1 aaaa 练习目录/m2. py",line 2,in <
module>
    from m1 import x
ImportError:cannot import name ' x'
```

测试一结果分析:

先执行 run. py→执行 import m1,开始导入 m1 并运行其内部代码→输出内容" 正在导入 m1"→执行 from m2 import y 开始导入 m2 并运行其内部代码→打印内容“正在导入 m2”→执行 from m1 import x,由于 m1 已经被导入过了,不会重新导入,因此直接去 m1 中拿 x,然而 x 此时并没有存在于 m1 中,所以报错。

测试二:执行文件不等于导入文件,比如执行 m1. py 不等于导入了 m1。直接执行 m1. py 出现异常,执行结果如下:

```
正在导入 m1
正在导入 m2
```

```
正在导入 m1
Traceback (most recent call last):
  File "/Users/linhaifeng/PycharmProjects/pro01/1 aaaa 练习目录/m1.py", line 2, in <module>
    from m2 import y
  File "/Users/linhaifeng/PycharmProjects/pro01/1 aaaa 练习目录/m2.py", line 2, in <module>
    from m1 import x
  File "/Users/linhaifeng/PycharmProjects/pro01/1 aaaa 练习目录/m1.py", line 2, in <module>
    from m2 import y
ImportError: cannot import name 'y'
```

测试二结果分析：

执行 m1.py，输出“正在导入 m1”，执行 from m2 import y，导入 m2 进而执行 m2.py 内部代码→输出“正在导入 m2”，执行 from m1 import x，此时 m1 是第一次被导入，执行 m1.py 并不等于导入了 m1，于是开始导入 m1 并执行其内部代码→输出“正在导入 m1”，执行 from m1 import y，由于 m1 已经被导入过了，因此无须继续导入而直接问 m2 要 y，然而 y 此时并没有存在于 m2 中所以报错。

解决方法如下：

方法一：将导入语句放到最后。

```
#m1.py
print('正在导入 m1')
x='m1'
from m2 import y
#m2.py
print('正在导入 m2')
y='m2'
from m1 import x
```

方法二：将导入语句放到函数中。

```
#m1.py
print('正在导入 m1')
def f1():
    from m2 import y
    print(x,y)
x='m1'
# f1()
```

```
#m2.py
print('正在导入 m2')
def f2():
    from m1 import x
    print(x,y)
y = 'm2'
#run.py
import m1
m1.f1()
```

(6)模块的重载

考虑到性能的原因,每个模块只被导入一次,放入字典 sys.module 中,如果改变了模块的内容,必须重启程序,Python 不支持重新加载或卸载之前导入的模块。操作时可能会想到直接从 sys.module 中删除一个模块就可以将其卸载了,但要注意的是,sys.module 中的模块对象被删除后仍然可以被其他程序的组件所引用,不会被清除。特别对于引用了这个模块中的一个类,用这个类产生了很多对象,因而这些对象都有关于这个模块的引用。

编写好的一个 Python 文件可以有两种用途,一是脚本,即一个文件就是整个程序,用来被执行;二是模块,即文件中存放着一堆功能,用来被导入使用。Python 内置了全局变量__name__,当文件被当作脚本执行时__name__ 等于'__main__',当文件被当作模块导入时__name__等于模块名。其作用是用来控制.py 文件在不同的应用场景下执行不同的逻辑(或者是在模块文件中测试代码)。

【例 5-13】

```
if __name__=='__main__':
print('from the meet.py')
__all__=['name','read1',]
name='guobaoyuan'
def read1():
    print('meet 模块:',name)
def read2():
    print('meet 模块')
    read1()
def change():
    global name
    name='宝元'
if __name__=='__main__':
    #在模块文件中测试 read1()函数
    #此模块被导入时 __name__ 就变成了文件名,if 条件不成立
    #所以 read1 不执行
    read1()
```

(7)模块的搜索路径

模块的查找顺序是:内存中已经加载的模块→内置模块→sys. path 路径中包含的模块。

①在第一次导入某个模块时(比如 spam),会先检查该模块是否已经被加载到内存中(当前执行文件的名称空间对应的内存),如果有则直接引用。

提示:Python 解释器在启动时会自动加载一些模块到内存中,可以使用 sys. modules 查看。

②如果没有,解释器则会查找同名的内建模块。

③如果还没有找到就从 sys. path 给出的目录列表中依次寻找 spam. py 文件。

需要特别注意的是,自定义的模块名不应该与系统内置模块重名。在初始化后,Python 程序可以修改 sys. path,路径放到前面的优先于标准库被加载。

```
>>> import sys
>>> sys.path.append('/a/b/c/d')
>>> sys.path.insert(0,'/x/y/z') #排在前的目录,优先被搜索
```

注意:搜索时按照 sys. path 中从左到右的顺序查找,位于前的优先被查找。

```
#windows 下的路径不加 r 开头,会语法错误
sys.path.insert(0,r'C:\Users\Administrator\PycharmProjects\a')
```

(8)编译 Python 文件

为了提高加载模块的速度(提高的是加载速度而绝非运行速度),Python 解释器会在_pycache_目录中缓存每个模块编译后的版本,格式为 module. version. pyc,通常会包含 Python 的版本号。例如,在 CPython3.3 版本下,spam. py 模块会被缓存成_pycache_/spam. cpython-33. pyc。这种命名规范保证了编译后的结果可以多版本共存。

Python 检查源文件的修改时间与编译的版本进行对比,如果过期就需要重新编译。这是完全自动的过程。并且编译的模块是平台独立的,所以相同的库可以在不同的架构的系统之间共享,即 pyc 是一种跨平台的字节码,类似于 JAVA 或. NET,是由 Python 虚拟机来执行的,但是 pyc 的内容跟 Python 的版本相关,不同的版本编译后的 pyc 文件不同,2.5 版本编译的 pyc 文件不能到 3.5 版本上执行,并且 pyc 文件是可以反编译的,因而它的出现仅仅是用来提升模块的加载速度的,不是用来加密的。

提示:

①模块名区分大小写,foo. py 与 FOO. py 代表的是两个模块。

②在速度上从. pyc 文件中读指令来执行不会比从. py 文件中读指令执行更快,只有在模块被加载时,. pyc 文件才是更快的。

③只有使用 import 语句才将文件自动编译为. pyc 文件,在命令行或标准输入中指定运行脚本则不会生成这类文件。

(9)time 模块

time 翻译过来就是时间,在之前编程的时候有用到过。time 模块的常用方法如下所示。

①time. sleep(secs):(线程)推迟指定的时间运行。单位为秒。

②time. time():获取当前时间戳。

在计算中时间共有 3 种表示方式:

①时间戳:通常来说,时间戳表示的是从 1970 年 1 月 1 日 00:00:00 开始按秒计算的偏移量。我们运行“type(time. time())”,返回的是 float 类型。

②格式化字符串时间:格式化的时间字符串(Format String)为‘1999-12-06’。

③结构化时间:元组(struct_time)。元组共有 9 个元素,包括年、月、日、时、分、秒、一年中第几周、一年中第几天等。

时间戳是计算机能够识别的时间;时间字符串是人能够看懂的时间;元组则是用来操作时间的。

实训项目拓展

“绘制五星红旗”。

1966 年,Seymour Papert 和 Wally Feurzig 发明了一种专门给儿童学习编程的语言——LOGO 语言,它的特色就是通过编程指挥一个可爱的小海龟(turtle)在屏幕上绘图。海龟绘图(Turtle Graphics)后来被移植到了包括 Python 的各种高级语言中,Python 内置了 turtle 库,基本上复制了 Turtle Graphics 的所有功能。

在海龟绘图中,创作者可以编写程序指令让一个虚拟的海龟在计算机屏幕上来回移动。这只海龟随身携带着一支钢笔,创作者可以让海龟使用这支钢笔来绘制五颜六色的图案。使用海龟绘图,创作者们不仅能够只用几行代码就创建出令人印象深刻的视觉效果,而且还可以通过观察海龟来理解每行代码如何影响到它的移动,帮助其理解代码的逻辑。所以海龟绘图也常被用作新手学习 Python 的一种有效方法。

本次实训项目中,需要用 Python 语言的 turtle 库,在屏幕上绘制出一面五星红旗。

程序设计思路:使用自然语言描述“绘制五星红旗”挑战的算法,思路如图 5-1 所示。

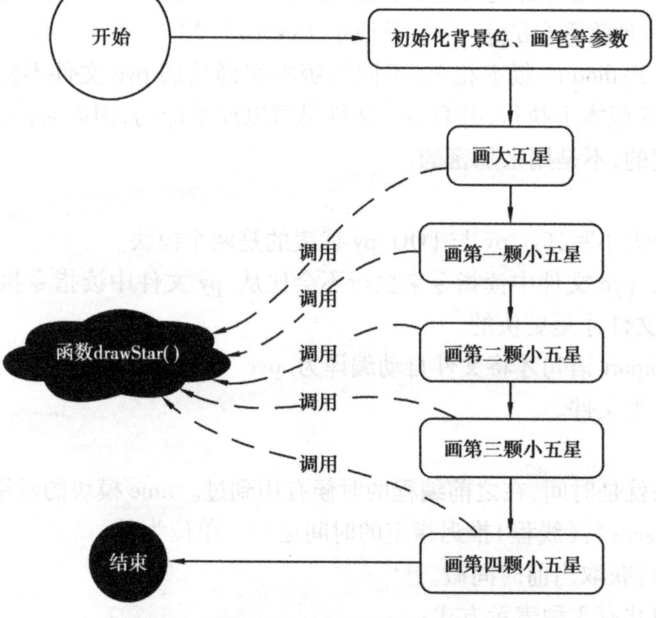

图 5-1 “绘制五星红旗”程序设计思路

其步骤如下。

①初始化五星红旗的大小和背景色、画笔颜色、海龟的移动速度。

②调用自定义函数 drawStar( )绘制大五星。

③调用自定义函数 drawStar( )分别绘制四个小五星。

参考代码:

```
import turtle #引入 turtle 库,召唤小海龟
#初始化
turtle.setup(600,400,0,0)
turtle.bgcolor("red")
turtle.color("yellow")
turtle.speed(3)
'''
定义 drawStar() 函数
    参数 x:绘制起点 X 坐标
    参数 y:绘制起点 Y 坐标
    参数 h:海龟初始朝向
    参数 fd:海龟前进距离
    参数 angle:海龟转向角度,默认值为 144
'''
def drawStar(x,y,h,fd,angle=144):
    turtle.begin_fill()
    turtle.up()
    turtle.goto(x,y)
    turtle.seth(h)
    turtle.down()
    for i in range (5):
        turtle.forward(fd)
        turtle.right(angle//2)
        turtle.forward(fd)
        turtle.left(angle)
    turtle.end_fill()
#调用 drawStar() 函数绘制五个五角星
drawStar(-230,30,36,50)
drawStar(-100,180,305,15)
drawStar(-60,120,304,15)
drawStar(-60,60,303,15)
drawStar(-100,10,302,15)
#签写"我爱你中国"
```

```
turtle.up()
turtle.goto(150,-160)
turtle.write("我爱你中国",font=("华文楷体",20,"normal"))
turtle.hideturtle()
turtle.done()
```

项目 6 高级数据类型

【实训目标】

- 掌握字符串、列表、元组以及字典数据类型的各种方法应用。
- 针对不同应用场景，将各种高级数据类型的方法活学活用。

【技能基础】

6.1 什么是字符串

字符串可以由一对单引号(')、一对双引号(")或一对三引号(''')构成。其中单引号和双引号都可以表示单行字符串，两者作用相同。三引号可以表示单行或多行字符串。例如：

```
'点滴积累铸就精彩人生'

"点滴积累铸就精彩人生"

'''
千锤万凿出深山，
烈火焚烧若等闲。
粉身碎骨浑不怕，
要留清白在人间。
'''
```

6.2　字符串内置方法

6.2.1　有关类型判断的方法

有关类型判断的方法见表 6-1。

表 6-1　有关类型判断的方法

方法	说明
string. isspace( )	如果 string 中只包含空格,则返回 True
string. isalnum( )	如果 string 中至少有一个字符并且所有字符都是字母或数字,则返回 True
string. isalpha( )	如果 string 中至少有一个字符并且所有字符都是字母,则返回 True
string. isdecimal( )	如果 string 只包含数字,则返回 True
string. isdigit( )	如果 string 只包含数字,则返回 True
string. isnumeric( )	如果 string 只包含数字,则返回 True
string. istitle( )	如果 string 是标题化的(每个单词的首字母大写),则返回 True
string. islower( )	如果 string 中包含至少一个区分大小写的字符,并且所有这些(区分大小写的)字符都是小写,则返回 True
string. isupper( )	如果 string 中包含至少一个区分大小写的字符,并且所有这些(区分大小写的)字符都是大写,则返回 True

(1) string. isspace( )

如果字符串中仅包含空格字符,则 isspace( )方法将返回 True。如果不是,则返回 False。用于间隔的字符称为空白字符。例如:制表符、空格、换行符等。

【例 6-1】

参考程序:

```
s1 ='    '
print(s1.isspace())
s2 = ' a '
print(s2.isspace())
s3 = ''
print(s3.isspace())
```

运行结果:

```
True
False
False
```

(2) string. isalnum( )

isalnum( )方法检查字符串是否包含字母数字字符。如果字符串中的所有字符是字母数字以及至少要有一个字符该方法返回 True,否则为 False。

【例 6-2】

参考程序:

```
str1 = "this2022"
print(str. isalnum( ))
str2 = "this is string example.... wow!!!"
print(str. isalnum( ))
```

运行结果:

```
True
False
```

(3) string. isalpha( )

如果字符串中的所有字符都是字母(则可以是小写和大写),则为 True。至少一个字符不是字母,则为 False。

【例 6-3】

参考程序:

```
name1 = "Monica"
print(name. isalpha( ))
name2 = "Monica Geller"
print(name. isalpha( ))
name3 = "Mo3nicaGell22er"
print(name. isalpha( ))
```

运行结果:

```
True
False
False
```

(4) string. isdecimal( )

如果字符串中的所有字符均为十进制字符,则为 True。至少一个字符不是十进制字符,则为 False。

【例 6-4】

参考程序:

```
s1 = "20191001"
print(s. isdecimal( ))
s2 = "32labc"
print(s. isdecimal( ))
```

```
s3 = " Mo3 nicaG el l22er"
print( s. isdecimal( ) )
```

运行结果:

```
True
False
False
```

(5) string. isdigit( )

如果字符串中的所有字符都是数字格式,则 isdigit( )方法将返回 True。如果不是,则返回 False。在 Python 中,上标和下标(通常使用 unicode 编写)也被视为数字字符。因此,如果字符串包含这些字符以及十进制字符,则 isdigit( )返回 True。罗马数字、货币分子和小数(通常使用 unicode 编写)被认为是数字字符,而不是数字。如果字符串包含这些字符,则 isdigit( )返回 False。

【例 6-5】

参考程序:

```
s1 = ' 23455'
print( s1. isdigit( ) )
s2 = ' \\u00B23455'
print( s2. isdigit( ) )
s3 = ' \\u00BD'
print( s3. isdigit( ) )
```

运行结果:

```
True
True
False
```

(6) string. isnumeric( )

如果字符串中的所有字符均为数字字符,则 isnumeric( )方法将返回 True,否则返回 False。在 Python 中,十进制字符(例如:0、1、2、…),数字(例如:下标、上标)和具有 Unicode 数值属性的字符(例如:小数、罗马数字、货币分子)都被视为数字字符。

【例 6-6】

参考程序:

```
s = ' 1242323'
print( s. isnumeric( ) )
#s = ' 3455'
s = ' \\u00B23455' print( s. isnumeric( ) )
```

```
#s=''
s='\\u00BD'
print(s.isnumeric())
s='python12'
print(s.isnumeric())
```

运行结果：

```
True
True
True
False
```

(7) string.istitle()

如果字符串是标题字符串,返回 True,否则返回 False。标题字符串即字符串中每个单词的第一个字符为大写,其余所有字符为小写字母的字符串。

【例 6-7】

参考程序：

```
s='Geeks For Geeks'
print(s.istitle())
s='geeks For Geeks'
print(s.istitle())
s='Geeks For GEEKs'
print(s.istitle())
s='6041 Is My Number'
print(s.istitle())
s='GEEKS'
print(s.istitle())
```

运行结果：

```
True
False
False
True
False
```

(8) string.islower()

如果字符串中的所有字母均为小写,则为 True。其中任何字母为大写,则为 False。

【例 6-8】

参考程序：

```
islow_str = "geeksforgeeks"
not_islow = "Geeksforgeeks"
print("Is geeksforgeeks full lower ?:" + str(islow_str.islower()))
print("Is Geeksforgeeks full lower ?:" + str(not_islow.islower()))
```

运行结果:

```
Is geeksforgeeks full lower ?:True
Is Geeksforgeeks full lower ?:False
```

【例 6-9】

参考程序:

```
test_str = "Geeksforgeeks is most rated Computer \
            Science portal and is highly recommended"
list_str = test_str.split()
count = 0
for i in list_str:
    if (i.islower()):
        count = count+1
print("Number of proper nouns in this sentence is:" + str(len(list_str)-count))
```

运行结果:

```
Number of proper nouns in this sentence is:3
```

(9) string.isupper()

如果字符串中至少有一个可大小写字符并且所有可大小写字符都是大写,该方法返回 True,否则为 False。

【例 6-10】

参考程序:

```
str = "THIS IS STRING EXAMPLE....WOW!!!"
print(str.isupper())
str = "THIS is string example....wow!!!"
print(str.isupper())
```

运行结果:

```
True
False
```

6.2.2　有关查找和替换的方法

有关查找和替换的方法见表6-2。

表6-2　有关查找和替换的方法

方法	说明
str. startswith(str, beg=0, end=len(string))	检查字符串是否是以 str 开头，如果是，则返回 True
str. endswith(suffix[, start[, end]])	检查字符串是否是以 str 结束，如果是，则返回 True
string. find(str, start=0, end=len(string))	检测 str 是否包含在 string 中，如果 start 和 end 指定了范围，则检查是否包含在指定范围内，如果是，返回开始的索引值，否则返回-1
string. rfind(str, start=0, end=len(string))	类似于 find()，不过是从右边开始查找
string. index(str, start=0, end=len(string))	跟 find()方法类似，不过如果 str 不在 string 会报错
string. rindex(str, start=0, end=len(string))	类似于 index()，不过是从右边开始
string. replace(old_str, new_str, num=string. count(old))	把 string 中的 old_str 替换成 new_str，如果 num 指定，则替换不超过 num 次

(1) str. startswith(str, beg=0, end=len(string))

startswith()方法检查字符串是否以 str 开始，可限制在指定 beg 和 end 的范围内检查。

- str：要检查的字符串。
- beg：可选的参数用来设置检查的起始位置。
- end：可选的参数用来设置检查的结束位置。

【例6-11】

参考程序：

```
str="this is string example.... wow!!!"
print(str.startswith('this'))
print(str.startswith('string',8))
print(str.startswith('this',2,4))
```

运行结果：

```
True
True
False
```

(2) str. endswith(suffix[, start[, end]])

如果字符串以指定的后缀结束，endswith()方法返回 True，否则返回 False，可限制在指定的范围内检查。

- suffix:这可以是一个字符串或者也有可能是元组使用后缀查找。
- start:检查的起始位置。
- end:检查的结束位置。

【例 6-12】

参考程序:

```
str='this is string example.... wow!!! '
suffix='!! '
print(Str.endswith(suffix))
print(Str.endswith(suffix,20))
suffix='exam'
print(Str.endswith(suffix))
print(Str.endswith(suffix,0,19))
```

运行结果:

```
True
True
False
True
```

(3) string.find(str,start=0,end=len(string))

检测 str 是否包含在 string 中,如果 start 和 end 指定范围,则检查是否包含在指定范围内,如果是,返回开始的索引值,否则返回-1。

- str:被查找的子字符串。
- start:查找的起始位置,默认为字符串起始位置。
- end:查找的结束位置,默认为字符串结束位置。

【例 6-13】

参考程序:

```
str="hello world!"
str1 ="wo"
print(str.find(str1))
print(str.find(str1,8))
```

运行结果:

```
6
-1
```

(4) string.rfind(str,beg=0,end=len(string))

返回找到子字符串 str 的最后一个索引,如果不存在这样的索引,则返回-1,可选择将搜索限制为字符串[beg:end]。

- str:被查找的子字符串。
- start:查找的起始位置,默认为字符串起始位置。
- end:查找的结束位置,默认为字符串结束位置。

【例 6-14】

参考程序:

```
str1 = "this is really a string example.... wow!!!";
str2 = "is";
print(str1.rfind(str2))
print(str1.rfind(str2,0,10))
print(str1.rfind(str2,10,0))
print(str1.find(str2))
print(str1.find(str2,0,10))
print(str1.find(str2,10,0))
```

运行结果:

```
5
5
-1
2
2
-1
```

(5) string.index(str,start=0,end=len(string))

index()方法可以检测源字符串内是否包含另一个字符串,如果包含则返回索引值,如果不包含则提示 ValueError:substring not found 异常。

- str:源字符串。
- str2:需要检测的是否存在于源字符串内的字符串。
- start:可选参数,默认为0,源字符串开始查找的索引。
- end:可选参数,默认为源字符串的长度,源字符串结束查找的索引。

【例 6-15】

参考程序:

```
str1 = "hello python3"
print(str1.index('llo'))
print(str1.index('llo',5))
```

运行结果:

```
2
ValueError:substring not found
```

(6) string. rindex(str,start=0,end=len(string))

方法 rindex()返回找到子字符串 str 的最后一个索引,如果不存在这样的索引则引发异常,可选择将搜索范围限制为字符串[beg:end]。

- str:指定要搜索的字符串。
- beg:起始索引,默认为 0。
- len:结束索引,默认情况下它等于字符串的长度。

【例 6-16】

参考程序:

```
str1 = "this is string example.... wow!!!";
str2 = "is";
print(str1. rindex(str2))
print(str1. index(str2))
```

运行结果:

```
5
2
```

(7) string. replace(old_str,new_str,num=string. count(old))

把 string 中的 old_str 替换成 new_str,如果 num 指定,则替换不超过 num 次。

【例 6-17】

参考程序:

```
txt="one one was a race horse,two two was one too."
x=txt. replace("one","three")
print(x)
txt="one one was a race horse,two two was one too."
x=txt. replace("one","three",2)
print(x)
```

运行结果:

```
"three three was a race horse,two two was three too."
"three three was a race horse,two two was one too."
```

6.2.3 有关大小写转换的方法

有关大小写转换的方法见表 6-3。

表 6-3 有关大小写转换的方法

方法	说明
string. capitalize()	把字符串的第一个字符大写
string. title()	把字符串的每个单词首字母大写

续表

方法	说明
string. lower( )	转换 string 中所有大写字符为小写
string. upper( )	转换 string 中的小写字母为大写
string. swapcase( )	翻转 string 中的大小写

(1) string. capitalize( )

string. capitalize( )方法将字符串的第一个字母转换为大写后并返回这个字符串。

【例 6-18】

参考程序：

```
str="this is string example.... wow!!!"
print("str.capitalize():",str.capitalize())
```

运行结果：

```
str.capitalize():  This is string example.... wow!!!
```

(2) string. title( )

title( )方法返回将所有单词第一个字母转换为大写的字符串。

【例 6-19】

参考程序：

```
str="this is string example.... wow!!!"
print(str.title())
```

运行结果：

```
This Is String Example.... Wow!!!
```

(3) string. lower( )

lower( )方法返回所有可大小写字符均转换为小写的字符串。

【例 6-20】

参考程序：

```
str="THIS IS STRING EXAMPLE.... WOW!!!"
print(str.lower())
```

运行结果：

```
this is string example.... wow!!!
```

(4) string. upper( )

upper( )方法返回所有可大小写的字符均转换为大写后的字符串。

【例 6-21】

参考程序：

```
str="this is string example.... wow!!!"
print("str. upper:",str. upper())
```

运行结果：

```
str. upper:  THIS IS STRING EXAMPLE.... WOW!!!
```

(5) string. swapcase()

swapcase()方法将给定字符串的所有大写字符转换为小写,并将所有小写字符转换为大写字符,然后将其返回。

【例 6-22】

参考程序：

```
string="ThIs ShOuLd Be MiXeD cAsEd."
print(string. swapcase())
```

运行结果：

```
tHiS sHoUlD bE mIxEd CaSeD.
```

6.2.4 有关文本对齐的方法

有关文本对齐的方法见表 6-4。

表 6-4 有关文本对齐的方法

方法	说明
str. ljust(width[,fillchar])	返回一个将原字符串左对齐,并使用空格填充至长度 width 的新字符串
str. rjust(width[,fillchar])	返回一个将原字符串右对齐,并使用空格填充至长度 width 的新字符串
str. center(width[,fillchar])	返回一个将原字符串居中,并使用空格填充至长度 width 的新字符串

(1) str. ljust(width[,fillchar])

ljust()方法返回长度为 width 的向左对齐的字符串。填充值是使用指定 fillchar(默认为空格)完成的。如果宽度小于 len(s)则返回原始字符串。

- width:在填充后总字符串的长度。
- fillchar:填充符,默认是空格。

【例 6-23】

参考程序：

```
str="this is string example.... wow!!!"
print(str. ljust(50,' *'))
```

运行结果：

```
this is string example.... wow!!! ********************
```

(2) str. rjust(width[,fillchar])

rjust()方法返回长度为 width 的向右对齐的字符串。填充值是使用指定 fillchar(默认为空格)完成的。如果宽度小于 len(s)则返回原始字符串。

【例 6-24】

参考程序:

```
str="this is string example.... wow!!!"
print(str.rjust(50,'*'))
```

运行结果:

```
********************this is string example.... wow!!!
```

(3) str. center(width[,fillchar])

center()方法返回长度为 width,原字符串在该长度内居中的字符串。填充值是使用指定 fillchar(默认为空格)完成的。

- width:字符串的总宽度。
- fillchar:填充符。

【例 6-25】

参考程序:

```
str="this is string example.... wow!!!"
print("str.center(40,'#'):",str.center(40,'a'))
```

运行结果:

```
str.center(40,'a'):###this is string example.... wow!!! ####
```

6.2.5　有关去除指定字符的方法

有关去除指定字符的方法见表 6-5。

表 6-5　有关去除指定字符的方法

方法	说明
string. lstrip()	截掉 string 左边(开始)的指定字符
string. rstrip()	截掉 string 右边(末尾)的指定字符
string. strip()	截掉 string 左右两边的指定字符

(1) string. lstrip()

lstrip()方法返回所有从字符串的开头去除指定字符(默认空白字符)后的字符串。

【例 6-26】

参考程序:

```
str="      this is string example....wow!!!"
print(str.lstrip())
str="*****this is string example....wow!!! *****"
print(str.lstrip('*'))
```

运行结果：

```
this is string example....wow!!!
this is string example....wow!!! *****
```

(2) string. rstrip()

rstrip()方法返回所有从字符串的末尾去除指定字符(默认空白字符)后的字符串。

【例 6-27】

参考程序：

```
str="      this is string example....wow!!!      "
print(str.rstrip())
str="*****this is string example....wow!!! *****"
print(str.rstrip('*'))
```

运行结果：

```
          this is string example....wow!!!
 *****this is string example....wow!!!
```

(3) string. strip()

strip()方法返回截掉 string 左右两边的指定字符后的字符串。

【例 6-28】

参考程序：

```
txt="      banana      "
x=txt.strip()
print("of all fruits",x,"is my favorite")
```

运行结果：

```
of all fruits banana is my favorite
```

6.2.6 有关拆分和连接的方法

有关拆分和连接的方法见表 6-6。

表 6-6 有关拆分和连接的方法

方法	说明
string. partition(str)	把字符串 string 分成一个 3 元素的元组(str 前面的部分,str,str 后面的部分)

续表

方法	说明
string. rpartition(str)	类似于 partition()方法,不过是从右边开始查找
string. split(str="",num)	以 str 为分隔符拆分 string,如果 num 有指定值,则仅分隔 num +1 个子字符串,str 默认包含' \r' ,' \t' ,' \n' 和空格
string. splitlines()	按照行(' \r' ,' \n' ,' \r\n')分隔,返回一个包含各行作为元素的列表
string. join(seq)	以 string 作为分隔符,将 seq 中所有的元素(的字符串表示)合并为一个新的字符串

(1) string. partition(str)

partition()方法在分隔符第一次出现时分割字符串,并返回一个元组,其中包含分隔符之前的部分,分隔符和分隔符之后的部分。这里的分隔符是一个带有参数的字符串。

【例 6-29】

参考程序:

```
string="food is a good"
print(string. partition(' is ' ))
print(string. partition(' bad ' ))
string="food is a good,isn't it"
print(string. partition(' is' ))
```

运行结果:

```
(' food ' ,' is ' ,' a good' )
(' food is a good' ,'' ,'' )
(' food ' ,' is' ," a good,isn' t it" )
```

【例 6-30】

参考程序:

```
string="geeks is a good"
print(string. partition(' is ' ))
print(string. partition(' bad ' ))
string="geeks is a good,isn' t it"
print(string. partition(' is' ))
```

运行结果:

```
(' geeks ' ,' is ' ,' a good' )
(' geeks is a good' ,'' ,'' )
(' geeks ' ,' is' ," a good,isn' t it" )
```

(2) string. rpartition(str)

rpartition()方法将给定的字符串分为 3 个部分。rpartition()从右侧开始查找分隔符,直到找到分隔符,然后返回一个元组,其中包含分隔符之前的字符串部分,字符串的参数以及分隔符之后的部分。

【例 6-31】

参考程序:

```
string1 = "Geeks@ for@ Geeks@ is@ for@ geeks"
string2 = "Ram is not eating but Mohan is eating"
print(string1.rpartition('@'))
print(string2.rpartition('is'))
```

运行结果:

```
('Geeks@ for@ Geeks@ is@ for', '@', 'geeks')
('Ram is not eating but Mohan ', 'is', ' eating')
```

【例 6-32】

参考程序:

```
string = "Sita is going to school"
print(string.rpartition('not'))
```

运行结果:

```
('', '', 'Sita is going to school')
```

(3) string. split(str = "", num)

split()方法返回字符串中所有单词的列表,使用 str 作为分隔符(如果未指定,则拆分所有空格),可选择将拆分数量限制为 num。

- str:任何分隔符,默认情况下为空格。
- num:要制作的行数。

【例 6-33】

参考程序:

```
str = "this is string example.... wow!!!"
print(str.split( ))
print(str.split('i',1))
print(str.split('w'))
```

运行结果:

```
['this', 'is', 'string', 'example.... wow!!! ']
['th', 's is string example.... wow!!! ']
['this is string example.... ', 'o', '!!! ']
```

(4) string. splitlines( )

splitlines( )方法用于分割线边界处的线。该函数返回字符串中的行列表,包括换行符(可选)。

【例 6-34】

参考程序:

```
string="Welcome everyone to\rthe world of Geeks\nGeeksforGeeks"
print(string.splitlines( ))
print(string.splitlines(0))
print(string.splitlines(True))
```

运行结果:

```
['Welcome everyone to','the world of Geeks','GeeksforGeeks']
['Welcome everyone to','the world of Geeks','GeeksforGeeks']
['Welcome everyone to\r','the world of Geeks\n','GeeksforGeeks']
```

【例 6-35】

参考程序:

```
string="Cat\nBat\nSat\nMat\nXat\nEat"
print(string.splitlines( ))
print('India\nJapan\nUSA\nUK\nCanada\n'.splitlines())
```

运行结果:

```
['Cat','Bat','Sat','Mat','Xat','Eat']
['India','Japan','USA','UK','Canada']
```

(5) string. join(seq)

join( )方法返回该序列串元素加入以 str 作为分隔符的字符串。

【例 6-36】

参考程序:

```
s="-"
seq=("a","b","c") # This is sequence of strings.
print(s.join(seq))
```

运行结果:

```
a-b-c
```

6.3 什么是列表

列表是 Python 中最通用的数据类型,可以写成方括号之间的逗号分隔值(项目)列表。列表中的项目不必是相同的类型,也就是说一个列表中的项目(元素)可以是数字、字符串、数组、字典甚至是列表类型等。创建列表时,可在方括号([])中放置参数并使用逗号分隔值。

例如:

```
['中华人民共和国','甘肃省','天水市']
[1,2,3,4,5 ]
["a","b","c","d"]
```

6.4 列表内置函数和内置方法

6.4.1 列表内置函数

列表内置函数见表 6-7。

表 6-7 列表内置函数

函数	说明
cmp(list1,list2)	比较两个列表的元素
len(list)	返回列表元素个数
max(list)	返回列表元素最大值
min(list)	返回列表元素最小值
list(seq)	将元组转换为列表

(1)cmp(list1,list2)

如果比较的元素是同类型的,则比较其值,返回结果。如果两个元素不是同一种类型,则检查它们是否是数字。如果是数字,执行必要的数字强制类型转换,然后比较。如果有一方的元素是数字,则另一方的元素“大”(数字是“最小的”)。否则,通过类型名字的字母顺序进行比较。如果有一个列表首先到达末尾,则另一个长一点的列表“大”。如果用尽两个列表的元素而且所有元素都是相等的,那么返回 0。

【例 6-37】

参考程序:

```
list1,list2=[123,'xyz'],[456,'abc']
print(cmp(list1,list2))
print(cmp(list2,list1))
list3=list2+[786]
```

```
print(cmp(list2,list3))
运行结果:
-1
1
-1
```

(2) len(list)

返回列表 list 的元素个数。

【例 6-38】

参考程序:

```
list1,list2=[123,'xyz','zara'],[456,'abc']
print("First list length:",len(list1))
print("Second list length:",len(list2))
```

运行结果:

```
First list length:  3
Second list length:  2
```

(3) max(list)

返回列表 list 元素中的最大值。

【例 6-39】

参考程序:

```
list1,list2=['123','xyz','zara','abc'],[456,700,200]
print("Max value element:",max(list1))
print("Max value element:",max(list2))
```

运行结果:

```
Max value element:  zara
Max value element:  700
```

(4) min(list)

返回列表 list 元素中的最小值。

【例 6-40】

参考程序:

```
list1,list2=['123','xyz','zara','abc'],[456,700,200]
print("Min value element:",min(list1))
print("Min value element:",min(list2))
```

运行结果：

```
Min value element： 123
Min value element： 200
```

(5) list(seq)

list()用于接受给定元组并将其转换为列表。

【例 6-41】

参考程序：

```
aTuple=(123,' xyz' ,' zara' ,' abc' )
aList = list(aTuple)
print(" List elements:" ,aList)
```

运行结果：

```
List elements： [123,' xyz' ,' zara' ,' abc' ]
```

6.4.2 列表内置方法

列表内置方法见表 6-8。

表 6-8 列表内置方法

方法	说明
list. append(obj)	在列表末尾添加新的元素
list. count(obj)	统计某个元素在列表中出现的次数
list. extend(seq)	在列表末尾一次性追加另一个序列中的多个值(用新列表扩展原来的列表)
list. index(obj)	从列表中找出某个值第一个匹配项的索引位置
list. insert(index,obj)	将对象插入列表
list. pop([index=-1])	移除列表中的一个元素(默认最后一个元素),并且返回该元素的值
list. remove(obj)	移除列表中某个值的第一个匹配项
list. reverse()	反向排列列表中元素
list. sort(cmp=None,key=None,reverse=False)	对原列表进行排序

(1) list. append(obj)

append()方法将传递的元素(obj)追加到现有列表中,更新现有列表。

【例 6-42】

参考程序：

```
aList=[123,' xyz' ,' zara' ,' abc' ]
aList. append(2022);
print(" Updated List:" ,aList)
```

运行结果：

```
Updated List:  [123,'xyz','zara','abc',2022]
```

(2) list. count(obj)

count()方法返回列表中某个元素(obj)出现的次数。

【例6-43】

参考程序：

```
aList=[123,'xyz','zara','abc',123]
print("Count for 123:",aList.count(123))
print("Count for zara:",aList.count('zara'))
```

运行结果：

```
Count for 123:  2
Count for zara:  1
```

(3) list. extend(seq)

在列表末尾一次性追加另一个序列中的多个值(用新列表扩展原来的列表)。

【例6-44】

参考程序：

```
aList=[123,'xyz','zara','abc',123]
bList=[2022,'manni']
aList.extend(bList)
print("Extended List:",aList)
```

运行结果：

```
Extended List:  [123,'xyz','zara','abc',123,2022,'manni']
```

(4) list. index(obj)

index()方法返回某个值(obj)出现在列表中的第一个索引位置。

【例6-45】

参考程序：

```
aList=[123,'xyz','zara','abc'];
print("Index for xyz:",aList.index('xyz'))
print("Index for zara:",aList.index('zara'))
```

运行结果：

```
Index for xyz:  1
Index for zara:  2
```

(5) list. insert(index, obj)

insert( )方法用于将指定对象(obj)插入列表。

【例 6-46】

参考程序：

```
aList=[123,'xyz','zara','abc']
aList.insert(3,2022)
print("Final List:",aList)
```

运行结果：

```
Final List:[123,'xyz','zara',2022,'abc']
```

(6) list. pop([index=-1])

pop( )函数用于移除列表中的一个元素(默认最后一个元素),并且返回该元素的值。index 为可选参数,要移除列表元素的索引值,不能超过列表总长度,默认 index=-1,即删除最后一个列表值。

【例 6-47】

参考程序：

```
list1=['知乎','itzixishi','Taobao']
list1.pop()
print("列表现在为:",list1)
list1.pop(1)
print("列表现在为:",list1)
```

运行结果：

```
列表现在为: ['知乎','itzixishi']
列表现在为: ['知乎']
```

(7) list. remove(obj)

remove( )方法函数用于移除列表中某个值(obj)的第一个匹配项。

【例 6-48】

参考程序：

```
aList=[123,'xyz','zara','abc','xyz']
aList.remove('xyz')
print("List:",aList)
aList.remove('abc')
print("List:",aList)
```

运行结果：

```
List:  [123,'zara','abc','xyz']
List:  [123,'zara','xyz']
```

(8) list. reverse()

reverse()方法用于反向排列列表中元素。

【例6-49】

参考程序：

```
aList=[123,'xyz','zara','abc','xyz']
aList.reverse()
print("List:",aList)
```

运行结果：

```
List:  ['xyz','abc','zara','xyz',123]
```

(9) list. sort(cmp=None,key=None,reverse=False)

sort()方法用于对原列表进行排序,如果指定参数,则使用比较函数指定的方法。

- cmp:可选参数,如果指定了该参数会使用该参数的方法进行排序。
- key:主要是用来进行比较的元素,只有一个参数,具体的函数的参数就是取自可迭代对象中,指定可迭代对象中的一个元素来进行排序。
- reverse:排序规则,reverse=True 降序,reverse=False 升序(默认)。

【例6-50】

参考程序：

```
aList=['123','Google','Runoob','Taobao','Facebook']
aList.sort()
print("List:")
print(aList)
```

运行结果：

```
List:
['123','Facebook','Google','Runoob','Taobao']
```

【例6-51】

参考程序：

```
#列表
vowels=['e','a','u','o','i']
#降序
vowels.sort(reverse=True)
```

```
#输出结果
print('降序输出:')
print(vowels)
```

运行结果:

```
降序输出:
['u','o','i','e','a']
```

6.5 什么是元组

Python 的元组与列表类似,不同之处在于元组的元素不能修改。元组使用小括号,列表使用方括号。元组创建很简单,只需要在括号中添加元素,并使用逗号隔开即可。

```
('中华人民共和国','甘肃省','天水市')
(1,2,3,4,5)
("a","b","c","d")
```

元组中只包含一个元素时,需要在元素后面添加逗号。

```
tup1=(50,)
```

6.6 元组内置函数和内置方法

6.6.1 元组内置函数

元组内置函数见表 6-9。

表 6-9 元组内置函数

函数	说明
cmp(tuple1,tuple2)	比较两个元组的元素
len(tuple)	返回元组元素个数
max(tuple)	返回元组元素最大值
min(tuple)	返回元组元素最小值
tuple(seq)	将列表转换为元组

(1)cmp(tuple1,tuple2)

如果比较的元素是同类型的,则比较其值,返回结果。如果两个元素不是同一种类型,则检查它们是否是数字。如果是数字,执行必要的数字强制类型转换,然后比较。如果有一方的元素是数字,则另一方的元素“大”(数字是“最小的”)。否则,通过类型名字的字母顺序进行比较。如果有一个元组首先到达末尾,则另一个长一点的列表“大”。如果用尽两个元组的元素而且所有元素都是相等的,那么返回0。

【例6-52】

参考程序:

```
tup1,tup2=(123,'xyz'),(456,'abc')
print(cmp(tup1,tup2))
print(cmp(tup1,tup2))
```

运行结果:

```
-1
1
```

(2)len(tuple)

返回元组tuple的元素个数。

【例6-53】

参考程序:

```
tup1,tup2=(123,'xyz'),(456,'abc')
print("First tuple length:",len(tup1))
print("Second tuple length:",len(tup2))
```

运行结果:

```
First tuple length:  3
Second tuple length:  2
```

(3)max(tuple)

返回元组tuple元素中的最大值。

【例6-54】

参考程序:

```
tuple1,tuple2=('123','xyz','zara','abc'),(456,700,200)
print("Max value element:",max(tuple1))
print("Max value element:",max(tuple2))
```

运行结果:

```
Max value element:  zara
Max value element:  700
```

(4)min(tuple)

返回元组tuple元素中的最小值。

【例 6-55】

参考程序：

```
tuple1,tuple2=('123','xyz','zara','abc'),(456,700,200)
print("Min value element:",min(tuple1))
print("Min value element:",min(tuple2))
```

运行结果：

```
Min value element: 123
Min value element: 200
```

(5) tuple(seq)

tuple()函数将列表转换为元组。

【例 6-56】

参考程序：

```
aList=[123,'xyz','zara','abc']
aTuple=tuple(aList)
print("Tuple elements:",aTuple)
```

运行结果：

```
Tuple elements: (123,'xyz','zara','abc')
```

6.6.2 元组内置方法

元组内置方法见表 6-10。

表 6-10 元组内置方法

方法	说明
tuple. count(obj)	统计某个元素在元组中出现的次数
tuple. index(obj)	从元组中找出某个值第一个匹配项的索引位置

(1) tuple. count(obj)

count()方法返回列表中某个元素(obj)出现的次数。

【例 6-57】

参考程序：

```
aTuple=(123,'xyz','zara','abc',123)
print("Count for 123:",aTuple.count(123))
print("Count for zara:",aTuple.count('zara'))
```

运行结果：

```
Count for 123: 2
Count for zara: 1
```

(2) tuple.index(obj)

index()方法返回某个值(obj)出现在元组中的第一个索引位置。

【例 6-58】

参考程序:

```
aTuple=(123,'xyz','zara','abc')
print("Index for xyz:",aTuple.index('xyz'))
print("Index for zara:",aTuple.index('zara'))
```

运行结果:

```
Index for xyz:  1
Index for zara:  2
```

6.7　什么是字典

字典是另一种可变容器模型,且可存储任意类型对象。

字典的每个键值对(key:value)内部用冒号分割,每个键值对之间用逗号分隔,整个字典包括在花括号中,格式如下所示:

```
d={key1:value1,key2:value2}
```

注意:dict 作为 Python 的关键字和内置函数,变量名不建议命名为 dict。

键一般是唯一的,如果重复最后的一个键值对会替换前面的,值不需要唯一。

6.8　字典内置函数和内置方法

6.8.1　字典内置函数

字典内置函数见表 6-11。

表 6-11　字典内置函数

函数	说明
len(dict)	计算字典元素个数,即键的总数
str(dict)	将字典转换为可打印的字符串进行输出
type(variable)	返回输入的变量类型,如果变量是字典就返回字典类型

(1) len(dict)

计算字典元素个数,即键的总数。

【例 6-59】

参考程序:

```
tinydict={'Name':'Runoob','Age':7,'Class':'First'}
print(len(tinydict))
```

运行结果:

```
3
```

(2)str(dict)

输出字典,以可打印的字符串表示。

【例 6-60】

参考程序:

```
tinydict={'Name':'Runoob','Age':7,'Class':'First'}
print(str(tinydict))
```

运行结果:

```
"{'Name':'Runoob','Class':'First','Age':7}"
```

(3)type(variable)

返回输入的变量类型,如果变量是字典就返回字典类型。

【例 6-61】

参考程序:

```
tinydict={'Name':'Runoob','Age':7,'Class':'First'}
print(type(tinydict))
```

运行结果:

```
<class 'dict'>
```

6.8.2 字典内置方法

字典内置方法见表 6-12。

表 6-12 字典内置方法

方法	说明
dict.clear()	删除字典内所有元素
dict.copy()	返回一个字典的浅复制
dict.fromkeys(seq[,value])	创建一个新字典,以序列 seq 中元素做字典的键,val 为字典所有键对应的初始值
dict.get(key,default=None)	返回指定键的值,如果键不在字典中返回 default 设置的默认值
dict.items()	以列表返回一个视图对象

续表

方法	说明
dict. keys( )	返回一个视图对象
dict. setdefault(key,default=None)	和 get( )类似,但如果键不存在于字典中,将会添加键并将值设为 default
dict. update(dict2)	把字典 dict2 的键值对更新到 dict 里
dict. values( )	返回一个视图对象

(1) dict. clear( )

clear( )方法用于删除字典内所有元素。

【例 6-62】

参考程序:

```
tinydict={'Name':'Zara','Age':7}
print("字典长度:%d" %  len(tinydict))
tinydict.clear()
print("字典删除后长度:%d" %  len(tinydict))
```

运行结果:

```
字典长度:2
字典删除后长度:0
```

(2) dict. copy( )

copy( )方法返回一个字典的浅复制。

【例 6-63】

参考程序:

```
dict1={'Name':'Runoob','Age':7,'Class':'First'}
dict2=dict1.copy()
print("新复制的字典为:",dict2)
```

运行结果:

```
新复制的字典为: {'Age':7,'Name':'Runoob','Class':'First'}
```

(3) dict. fromkeys(seq[,value])

fromkeys( )方法用于创建一个新字典,以序列 seq 中元素做字典的键,value 为字典所有键对应的初始值。

- seq:字典键值列表。
- value:可选参数,设置键序列(seq)对应的值,默认为 None。

【例 6-64】

参考程序:

```
seq=('name','age','sex')
tinydict=dict.fromkeys(seq)
print("新的字典为:%s" %  str(tinydict))
tinydict=dict.fromkeys(seq,10)
print("新的字典为:%s" %  str(tinydict))
```

运行结果:

```
新的字典为:{'age':None,'name':None,'sex':None}
新的字典为:{'age':10,'name':10,'sex':10}
```

【例 6-65】

参考程序:

```
x=('key1','key2','key3')
thisdict=dict.fromkeys(x)
print(thisdict)
```

运行结果:

```
{'key1':None,'key2':None,'key3':None}
```

(4) dict.get(key,default=None)

get()方法返回指定键的值。

- key:字典中要查找的键。
- value:可选参数,如果指定键的值不存在时,返回该默认值。

【例 6-66】

参考程序:

```
tinydict={'Name':'Runoob','Age':27}
print("Age:",tinydict.get('Age'))
print("Sex:",tinydict.get('Sex'))
print('Salary:',tinydict.get('Salary',0.0))
```

运行结果:

```
Age:27
Sex:None
Salary:0.0
```

(5) dict.items()

items()方法以列表返回视图对象,是一个可遍历的键值对。

【例 6-67】

参考程序:

```
tinydict={'Name':'Runoob','Age':7}
print("Value:%s" %  tinydict.items())
```

运行结果：

```
Value:dict_items([('Age',7),('Name','Runoob')])
```

【例6-68】

参考程序：

```
d={'Name':'Runoob','Age':7}
for i,j in d.items():
    print(i,":\t",j)
```

运行结果：

```
Name:   Runoob
Age:    7
```

【例6-69】

参考程序：

```
d={1:"a",2:"b",3:"c"}
result=[]
for k,v in d.items():
    result.append(k)
    result.append(v)
print(result)
```

运行结果：

```
[1,'a',2,'b',3,'c']
```

(6) dict.keys()

keys()方法返回一个视图对象。

【例6-70】

参考程序：

```
tinydict={'Name':'Zara','Age':7}
print("Value:%s" %  tinydict.keys())
```

运行结果：

```
Value:['Age','Name']
```

(7) dict.setdefault(key,default=None)

setdefault()方法,如果键不存在于字典中,将会添加键并将值设为默认值。

- key:查找的键值。

• default:键不存在时,设置的默认键值。

如果 key 在字典中,返回对应的值。如果不在字典中,则插入 key 及设置的默认值 default,并返回 default,default 默认值为 None。

【例 6-71】

参考程序:

```
tinydict={'Name':'Runoob','Age':7}
print("Age 键的值为:%s" %   tinydict.setdefault('Age',None))
print("Sex 键的值为:%s" %   tinydict.setdefault('Sex',None))
print("新字典为:",tinydict)
```

运行结果:

```
Age 键的值为:7
Sex 键的值为:None
新字典为:{'Age':7,'Name':'Runoob','Sex':None}
```

(8) dict.update(dict2)

update()方法把字典参数 dict2 的键值对更新到字典 dict 里。

【例 6-72】

参考程序:

```
tinydict={'Name':'Runoob','Age':7}
tinydict2={'Sex':'female'}
tinydict.update(tinydict2)
print("更新字典 tinydict:",tinydict)
```

运行结果:

```
更新字典 tinydict:  {'Name':'Runoob','Age':7,'Sex':'female'}
```

(9) dict.values()

values()方法返回一个视图对象。

【例 6-73】

参考程序:

```
dishes={'eggs':2,'sausage':1,'bacon':1,'spam':500}
keys=dishes.keys()
values=dishes.values()
n=0
for val invalues:
    n+=val
print(n)
```

运行结果：

```
504
```

实训项目拓展

①用户信息管理系统。做一个简单的用户信息管理系统，提示用户依次输入姓名、年龄和爱好，并且在输入完成之后，一次性将用户输入的数据展示出来。

参考程序：

```
name=input("请输入姓名:")
age=input("请输入年龄:")
hobby=input("请输入爱好:")
#格式化输出数据
#print("您的姓名是%s,您的年龄是%s,您的爱好是%s" % (name,age,hobby))
#使用 f-string
print(f'用户的名字是:{name},年龄是:{age},爱好是:{hobby}')
'''
请输入姓名:名之以父
请输入年龄:18
请输入爱好:编程
用户的名字是:名之以父,年龄是:18,爱好是:编程
'''
'''
1. 在 python 中,通过""或者''声明一个字符串类型的变量
2. 使用 input()函数从键盘获取数据
3. 通过%s 的格式化操作符来输出字符串类型
'''
```

②字符串综合训练。

要求：a. 判断单词 great 是否在字符串 words 中，如果在，则将每一个 great 后面加一个 s，如果不在则输出“great 不在该字符串中”；b. 将整个字符串的每一个单词都变成小写，并使每一个单词的首字母变成大写；c. 去除首尾的空白，并输出处理过后的字符串。其中，words = "great craTes Create great craters, But great craters Create great craters"。

方法提示：

a. 使用 in 判断某一个子字符串是否在母字符串中。

b. 使用 replace 函数替换子字符串。

c. 使用 lower 函数将字符串变为小写。

d. 使用 title 函数将单词的首字母大写。

e. 使用 strip 函数去除字符串首尾的空白。

参考程序：

```
words="great craTes Create great craters,But great craters Create great craters"
#判断单词 great 是否在这个字符串中
if 'great' in words:
    #将每一个 great 替换成 greats
    words=words.replace("great","greats")
    #将单词变成小写
    words=words.lower()
    #将每一个单词的首字母都大写
    words=words.title()
    #去除首尾的空白
    words=words.strip()
    #最后进行输出
    print(words)
else:
    print("great 不在该字符串中")
```

③列表元素判断训练。有一个列表，判断列表中的每一个元素是否以 s 或 e 结尾，如果是，则将其放入一个新的列表中，最后输出这个新的列表。

参考程序：

```
my_list=["red","apples","orange","pink","bananas","blue","black","white"]
#用来存放以 e 或者 s 结尾的字符串
new_list=[]
for i in my_list:
    #判断列表中每一个元素是否以 s 或 e 结尾
    if i[-1]=='s' or i[-1]=='e':
        new_list.append(i)
    #判断列表中每一个元素是否以 s 或 e 结尾
    # if i.endswith('s') or i.endswith('e'):
    #       new_list.append(i)
#打印出这个新的列表
print(new_list)#['apples','orange','bananas','blue','white']
```

④列表元素删除训练。给定一个列表,首先删除以 s 开头的元素,删除后,修改第一个元素为"joke",并且把最后一个元素复制一份,放在 joke 的后边。

参考程序:

```
my_list=["spring","look","strange","curious","black","hope"]
for i in my_list[::-1]:  #这个是逆序遍历,避免漏删,因为每删除一个元素,后面的都要前移
    #删除以 s 开头的元素
    if i[0]=='s':
        my_list.remove(i)
#修改第一个元素为"joke"
my_list[0]="joke"
#获取最后一个元素
last_one=my_list[-1]
#将最后一个元素放在 joke 的后面
my_list.insert(1,last_one)
print(my_list)
#['joke','hope','curious','black','hope']
'''
for i in my_list[:]:
#两种遍历方式,这个是直接复制一份,避免删除后漏删下一个
    #删除以 s 开头的元素,
    if i[0]=='s':
        my_list.remove(i)
    #修改第一个元素为"joke"
my_list[0]="joke"
#获取最后一个元素
last_one=my_list[-1]
#将最后一个元素放在 joke 的后面
my_list.insert(1,last_one)
print(my_list)
# ['joke','hope','curious','black','hope']
'''
```

⑤列表合并训练。将下列两个列表合并,将合并后的列表去重,之后降序并输出。

list1 =[11,4,45,34,51,90]

list2 =[4,16,23,51,0]

方法提示：

a. 合并列表可以使用 extend( )方法或者两个列表相加。

b. 列表去重有两种方案。一是借助一个新的列表,循环遍历原列表,判断元素是否在新的列表中,如果在,遍历下一个元素,如果不在,添加到新的列表中。二是使用 set( )集合去重。

c. sort 函数可以实现排序,使用参数 reverse=True 对列表进行倒序排序。

参考程序：

```
list1 =[11,4,45,34,51,90]
list2 =[4,16,23,51,0]
# 使用+合并两个列表
my_list=list1+list2

# 列表去重
# 定义新的空列表保存去重后的数据
my_list1 =[]
# 遍历合并后的列表
for i in my_list:
    # 判断 i 是否在 my_list1 中
    if i in my_list1:
        # 如果存在,直接下一次循环
        continue
    else:
        # 将 i 添加到 my_list1 中
        my_list1.append(i)
# 循环结束,得到去重后的列表 my_list1,进行排序
my_list1.sort(reverse=True)
# 输出最后的结果
print(my_list1)
'''
#方法二、利用 set 集合,去重特性
#列表拼接
list3=list1+list2
#列表去重
list4=set(list3)
list5=list(list4)   #转化为 list 列表
#列表降序输出
```

```
list5.sort(reverse=True)
print(list5)
'''
```

⑥字典训练——通信录。存储小明的通信录和舍友通信录信息，通信录中包括姓名、手机号和 QQ 号信息。

参考程序：

```
dicTXL={'小新':['13913000001','18181220001'],
        '小亮':['13913000002','18191220002'],
        '小刚':['13913000003','18191220003']}
dicOther={'大刘':['13914000001','18191230001'],
          '大王':['13914000002','18191230002'],
          '大张':['13914000003','18191230003']}
# 将字典 dicOther 合并到字典 dicTXL 中
dicTXL=dict(dicTXL,**dicOther)
print(dicTXL)
# dicWX 字典存储同学的微信号
dicWX={'小新':'xx9907',
       '小刚':'gang1004',
       '大王':'jack_w',
       '大刘':'liu666'}
# 将微信号添加至字典 dicTXL 中
for  dicTXL_k,dicTXL_v  in  dicTXL.items():
    if  dicTXL_k  in  dicWX:
        #dicTXL.update(dicWX)
        dicTXL_v.append(dicWX[dicTXL_k])
    else:
        dicTXL_v.append(dicTXL_v[0])
print(dicTXL)
```

⑦字典训练——歌手大奖赛。一年一度的校园好声音进行到了激烈的决赛环节，8 位评委对入围的 6 名选手给出了最终的评分，请根据评分表，将每位选手的得分去掉一个最高分和一个最低分后求平均分，并按照平均分由高到低的顺序输出选手编号和最后得分。

参考程序：

```
dic_score={'012':[90,94,85,54,68,75,71,21],
           '005':[8,75,21,65,89,97,25,75],
           '108':[87,54,78,25,14,98,67,57],
```

```
            '037':[45,87,54,82,95,91,57,32],
            '066':[95,67,51,48,98,92,80,39],
            '020':[85,81,65,97,35,62,71,84]}
print(dic_score)
dic_avg={}  # 存放平均分
for  k,v  in  dic_score.items():
    v_min=min(v)  # 求最低分
    v_max=max(v)  # 求最高分
    v_sum=sum(v)  # 求总分
    v_sum=v_sum-v_max-v_min  # 从总分中去除最大值和最小值
    v_avg=v_sum/(len(v)-2)  # 求平均分

    dic_avg[k]=v_avg  # 将参赛者编号和平均值存入字典 dic_avg 中


print(dic_avg)
# 按照平均分由大到小排序
lt_avg=[(v,k)  for  k,v  in  dic_avg.items()]
lt_avg.sort(reverse=True)
print(lt_avg)
lt_avg=[(v,k)  for  k,v  in  lt_avg]
dic_avg=dict(lt_avg)
print(dic_avg)
# 输出结果
for k,v in dic_avg.items():
    print(k,v)
```

项目 7 面向对象程序设计

【实训目标】

- 了解什么是面向对象。
- 掌握如何定义和使用类。
- 掌握如何创建类的属性。
- 掌握类成员和实例成员。
- 掌握封装、继承、多态。

【技能基础】

面向对象编程是最有效的软件编写方法之一。在面向对象编程中,编写表示现实世界中的事物和情景的类,并基于这些类来创建对象。编写类时,定义一大类对象都有的通用行为。基于类创建对象时,每个对象都自动具备这种通用行为,然后可根据需要赋予每个对象独特的个性。使用面向对象编程可模拟现实情景,其逼真程度达到了令人惊讶的地步。

根据类来创建对象被称为实例化。在本项目中,将编写一些类并创建其实例,指定可在实例中存储什么信息,定义可对这些实例执行哪些操作。还将编写一些类来扩展既有类的功能,让相似的类能够高效地共享代码。将把自己编写的类存储在模块中,并在自己的程序文件中导入其他程序员编写的类。

理解面向对象编程有助于真正明白自己编写的代码:不仅是各行代码的作用,还有代码背后更宏大的概念。学习面向对象编程可以培养逻辑思维,能够通过编写程序来解决遇到的几乎任何问题。

随着面临的挑战日益严峻,类还能让程序员的生活更轻松。如果程序员基于同样的逻辑来编写代码,就能明白对方所做的工作;编写的程序将能被众多合作者所理解,每个人都能事半功倍。

7.1　面向对象概述

面向对象是一种设计思想,从 20 世纪 60 年代提出面向对象的概念到现在,它已经发展成为一种比较成熟的编程思想,并且逐步成为软件开发领域的主流技术,如我们经常听说的面向对象编程就是主要针对大型软件设计而提出的,它可以使软件设计更加灵活,并且能更好地进行代码复用。

面向对象中的对象(Object),通常是指客观世界中存在的对象,这个对象具有唯一性,对象之间各不相同,各有各的特点,每个对象都有自己的运动规律和内部状态;对象和对象之间又是可以相互联系、相互作用的。另外,对象也可以是一个抽象的事物。例如,可以从圆形、正方形、三角形等图形中抽象出一个简单图形,简单图形就是一个对象,它有自己的属性和行为,图形中边的条数是它的属性,图形的面积也是它的属性,输出图形的面积就是它的行为。概括地讲,面向对象技术是一种从组织结构上模拟客观世界的方法。

如今主流的软件开发思想有两种:一个是面向过程,另一个是面向对象。面向过程出现得较早,典型代表为 C 语言,开发中小型项目的效率很高,但是很难适用于如今主流的大中型项目开发场景。面向对象则出现得更晚一些,典型代表为 Java 或 C++等语言,更加适合用于大型开发场景。两种开发思想各有优劣。

对于面向过程的思想,需要实现一个功能的时候,看重的是开发的步骤和过程,每一个步骤都需要自己亲力亲为,需要自己编写代码(自己来做)。面向对象的思想则是以参与事件的角色(对象)为考虑问题的出发点。以日常生活中的活动为例:

- 洗衣服

面向过程(手洗):脱衣服、找一个盆、加水、加洗衣粉、浸泡 30 分钟、搓洗、拧衣服、倒掉水、再加水、漂洗、拧衣服、倒掉水、晾衣服。

面向对象(机洗):脱衣服、放入洗衣机、按下开关、拿出衣服晾晒。

- 买计算机

面向过程(自己买):需要计算机、查询参数信息、比较机型、了解打折信息、与店家讨价还价、下单、收快递、开机验货、确认收货。

面向对象(找人买):需要计算机、找朋友帮我买、收计算机。

7.1.1　对象

对象,是一个抽象概念,表示任意存在的事物,通常将对象划分为两个部分,即静态部分与动态部分。静态部分被称为“属性”,任何对象都具备自身属性,这些属性是客观存在且不能被忽视的,如人的性别。动态部分是对象的行为,即对象执行的动作,如人的行走。

7.1.2　类

类是封装对象的属性和行为的载体,反过来说,具有相同属性和行为的一类实体被称为类,在 Python 中,类是一种抽象概念,如定义一个大雁类(Geese),在该类中,可以定义每个对象共有的属性和方法,而一只要从北方飞往南方的大雁则是大雁类的一个对象,对象是类的实例。

7.1.3　面向对象程序设计的特点

面向对象程序设计具有三大基本特征:封装、继承、多态。

(1)封装

封装是面向对象编程的核心思想,将对象的属性和行为封装起来,而将对象的属性和行为封装起来的载体就是类,类通常对客户隐藏其实现细节,这就是封装思想。

(2)继承

在 Python 中,继承是实现重复利用的重要手段,子类通过继承复用了父类的属性和行为的同时,又添加子类特有的属性和行为。

(3)多态

将父类对象应用于子类的特征就是多态。

7.2　类的定义和使用

面向对象最重要的概念就是类(Class)和实例(Instance),必须牢记类是抽象的模板,比如 Student 类,而实例是根据类创建出来的一个个具体的“对象”,每个对象都拥有相同的方法,但各自的数据可能不同。

7.2.1　定义类

在 Python 中,类的定义使用 class 关键字来实现,语法如下:

```
class ClassName:
    "类的帮助信息"          #类文档字符串
    statement              #类体
```

- ClassName:用于指定类名,一般使用大写字母开头,如果类名中包括两个单词,第二个单词的首字母也大写,这种命名方式也称为“驼峰命名法”。当然,也可根据自己的习惯命名,但是一般推荐按照惯例来命名。
- “类的帮助信息”:用于指定类的文档字符串,定义该字符串后,在创建类的对象时,输入类名和左侧的括号“(”后,将显示该信息。
- statement:类体,主要由类变量(或类成员)、方法和属性等定义语句组成。如果在定义类时,没想好类的具体功能,也可以在类体中直接使用 pass 语句代替。

class 语句本身并不创建该类的任何实例。所以在类定义完成之后,需要创建类的实例,即实例化该类的对象。

在创建类后,通常会创建一个__init__()方法,该方法是一个特殊的方法,类似 Java 语言中的构造方法。每当创建一个类的新实例时,Python 都会自动执行它。__init__()方法必须包含一个 self 参数,并且必须是第一个参数。self 参数是一个指向实例本身的引用,用于访问类中的属性和方法,在方法调用时会自动传递实际参数 self。因此,当__init__()方法只有一个参数时,在创建类的实例时,就不需要指定实际参数了。

【例 7-1】

```
class Geese:
    "大雁类"
    def__init__(self,beak,wing,claw):                    #构造方法
        print("我是大雁类! 我有以下特征:")
        print(beak)                                      #输出喙的特征
        print(wing)                                      #输出翅膀的特征
        print(claw)                                      #输出爪子的特征

beak="喙的基部较高,长度和头部的长度几乎相等"              # 喙的特征
wing="翅膀长而尖"                                         # 翅膀的特征
claw="爪子是噗状的"                                       # 爪子的特征
wildGeese=Geese(beak,wing,claw)                          #创建大雁类的实例
```

运行结果:

```
我是大雁类! 我有以下特征:
喙的基部较高,长度和头部的长度几乎相等
翅膀长而尖
爪子是噗状的
```

【例 7-2】 以 Student 类为例,在 Python 中,定义类是通过 class 关键字。

```
class Student(object):
    pass
```

class 后面紧接着是类名,即 Student,类名通常是大写开头的单词,紧接着是(object),表示该类是从哪个类继承下来的,继承的概念我们后面再讲,通常,如果没有合适的继承类,就使用 object 类,这是所有类最终都会继承的类。

定义好了 Student 类,就可以根据 Student 类创建出 Student 的实例,创建实例是通过类名+()实现的:

```
>>> bart=Student()
>>> bart
<__main__. Student object at 0x10a67a590>
>>> Student
<class '__main__. Student' >
```

可以看到,变量 bart 指向的就是一个 Student 的 object,后面的 0x10a67a590 是内存地址,每个 object 的地址都不一样,而 Student 本身则是一个类。

可以自由地给一个实例变量绑定属性,比如,给实例 bart 绑定一个 name 属性。

```
>>> bart.name='Bart Simpson'
>>> bart.name
'Bart Simpson'
```

由于类可以起到模板的作用,因此,可以在创建实例的时候,把一些我们认为必须绑定的属性强制填写进去。通过定义一个特殊的__init__()方法,在创建实例的时候,就把 name,score 等属性绑上去:

```
class Student(object):
    def __init__(self,name,score):
        self.name=name
        self.score=score
```

注意到__init__()方法的第一个参数永远是 self,表示创建的实例本身,因此,在__init__()方法内部,就可以把各种属性绑定到 self,因为 self 就指向创建的实例本身。

有了__init__()方法,在创建实例的时候,就不能传入空的参数了,必须传入与__init__()方法匹配的参数,但 self 不需要传,Python 解释器自己会把实例变量传进去:

```
>>> bart = Student('Bart Simpson',59)
>>> bart.name
'Bart Simpson'
>>> bart.score
59
```

和普通的函数相比,在类中定义的函数只有一点不同,就是第一个参数永远是实例变量 self,并且调用时,不用传递该参数。除此之外,类的方法和普通函数没有什么区别,所以,仍然可以用默认参数、可变参数和关键字参数。

7.2.2　创建类的实例

class 语句本身并不创建该类的任何实例,所以在类定义完成后,可以创建类的实例,即实例化该类的对象,基本语法为:

```
Class Name(paramenterlist)
```

其中,Class Name 是必选参数,用于指定具体的类;paramenterlist 是可选参数。

【例 7-3】 创建 Geese 类的实例。

```
class Geese:
    pass
wildGoose = Geese()
print(wildGoose)
```

运行结果:

```
<__main__.Geese object at 0x0000000002E48EB8>
```

7.2.3 创建__init__()方法

【例 7-4】 以大雁为例声明一个类,并且创建__init__()方法。

```
class Geese:
    def __init__(self):
        print("我是大雁!")
wildGoose = Geese()
```

运行结果:

```
我是大雁!
```

在__init__()方法中,除了 self 参数外,还可以定义一些参数,参数间使用逗号“,”进行分割,例如:

```
class Geese:
    '''大雁类'''
    def __init__(self,beak,wing,claw):        #构造方法
        print("我是大雁类! 我有以下特征:")
        print(beak)                           #输出喙的特征
        print(wing)                           #输出翅膀的特征
        print(claw)                           #输出爪子的特征
beak_1 = "喙的基部较高,长度和头部的长度几乎相等"      #喙的特征
wing_1 = "翅膀长而尖"          #翅膀的特征
claw_1 = "爪子是蹼状的"                    #爪子的特征
wildGoose = Geese(beak_1,wing_1,claw_1)              #创建大雁类的实例
```

运行结果如图 7-1 所示。

```
我是大雁类！我有以下特征：
喙的基部较高，长度和头部的长度几乎相等
翅膀长而尖
爪子是蹼状的
>>>
```

图 7-1 运行结果

7.2.4　创建类的成员并访问

类的成员主要由实例方法和数据成员组成，在类中创建了类的成员后，可以通过类的实例进行访问。

(1)创建实例方法并访问

所谓实例方法，是指在类中的定义函数，该函数是一种在类的实例上操作的函数，创建实例方法的语法格式如下：

```
def functionName(self,parameterlist)
    block
```

【例7-5】 创建大雁类并定义飞行方法。

```
class Geese:
    '''大雁类'''
    def __init__(self,beak,wing,claw):      #构造方法
        print("我是大雁类！我有以下特征：")
        print(beak)      #输出喙的特征
        print(wing)      #输出翅膀的特征
        print(claw)      #输出爪子的特征
    def fly(self,state):  #定义飞行方法
        print(state)
    '''****************调用方法******************
******'''
beak_1="喙的基部较高，长度和头部的长度几乎相等"                 #喙的特征
wing_1="翅膀长而尖"                                              #翅膀的特征
claw_1="爪子是蹼状的"                                            #爪子的特征
wildGoose=Geese(beak_1,wing_1,claw_1)                            #创建大雁类的实例
wildGoose.fly("我飞行的时候，一会儿排成个人字，一会排成个一字")#调用实例方法
```

运行结果如图7-2所示。

```
我是大雁类！我有以下特征：
喙的基部较高，长度和头部的长度几乎相等
翅膀长而尖
爪子是蹼状的
我飞行的时候，一会儿排成个人字，一会排成个一字
>>> |
```

图7-2　运行结果

(2)创建数据成员并访问

数据成员是指在类中定义的变量，即属性，根据定义位置，又可以分为类属性和实例属性。

①类属性。

类属性是指定义在类中，并且在函数体外的属性。类属性可以在类的所有实例之间共享

值,也就是在所有实例化的对象中公用。

【例 7-6】 通过类属性统计类的实例个数。

```
class Geese:
    '''雁类'''
    neck="脖子较长"                              #类属性(脖子)
    wing="振翅频率高"                            #类属性(翅膀)
    leg="腿位于身份的中心支点,行走自如"          #类属性(腿)
    number=0                                     #编号
    def__init__(self):                           #构造方法
        Geese.number+=1                          #将编号加 1
        print("\n 我是第"+str(Geese.number)+"只大雁,我属于雁类！我有以下特征:")
        print(Geese.neck)                        #输出脖子的特征
        print(Geese.wing)                        #输出翅膀的特征
        print(Geese.leg)                         #输出腿的特征
#创建 4 个雁类的对象(相当于有 4 只大雁)
    list1=[]
    for i in range(4):                           #循环 4 次
        list1.append(Geese())                    #创建一个雁类的实例
    print("一共有"+str(Geese.number)+"只大雁")
```

运行结果如图 7-3 所示。

```
我是第1只大雁，我属于雁类！我有以下特征：
脖子较长
振翅频率高
腿位于身份的中心支点，行走自如

我是第2只大雁，我属于雁类！我有以下特征：
脖子较长
振翅频率高
腿位于身份的中心支点，行走自如

我是第3只大雁，我属于雁类！我有以下特征：
脖子较长
振翅频率高
腿位于身份的中心支点，行走自如

我是第4只大雁，我属于雁类！我有以下特征：
脖子较长
振翅频率高
腿位于身份的中心支点，行走自如
一共有4只大雁
>>> |
```

图 7-3 运行结果

②实例属性。

实例属性是指定义在类的方法中的属性,只作用于当前实例中。

实例属性也可以通过实例名称修改,与属性不同,通过实例名称修改实例属性后,并不影响该类的另一个实例中相应的实例属性的值。

【例 7-7】

```
class Geese:
'''雁类'''
def __init__(self):        #实例方法
    self. neck = "脖子较长"
    print(self. neck)
    goose1 = Geese()
    goose2 = Geese()
    goose1. neck = "脖子没有天鹅的长"
    print("goose1 的 neck 属性:",goose1. neck)
    print("goose2 的 neck 属性:",goose2. neck)
```

7.2.5 访问限制

在类的内部可以定义属性和方法,而在类的外部则可以直接调用属性或方法来操作数据,从而隐藏了类内部的复杂逻辑,但是,在 Python 中并没有对属性和方法的访问权限进行限制,为了保证类内部的某些属性或方法不被外部访问,可以在属性或方法名前面添加下划线(_foo)、双下划线(__foo)或首尾加双下划线,从而限制访问权限。

①_foo:以单下划线开头的表示 protected 类型的成员,只允许类本身和子类进行访问。

②__foo:双下划线表示 private 类型的成员,只允许定义该方法的类本身进行访问,而且也不能通过类的实例进行访问,但是可以通过“类的实例名.类名__×××”方式访问。

③foo 首尾双下划线表示定义特殊方法,一般是系统定义的名字,如__init__()。

7.3 类的属性

由于 Python 是动态语言,在创建了 Python 实例时,可以随时定义实例属性,那实例属性与类属性有什么区别呢?在学习类属性之前,我们先来搞清楚实例属性与类属性的区别。实例的属性只能被该实例使用,不同实例之间的属性互不相关,即使两实例的属性有同名的情况。但类属性是属于类的,而实例是由类创建出来的,类的属性可以被类名访问“类名.属性名”,也可以被实例访问。不过当实例访问类属性时,如果更改了类属性的内容,实际不是修改了类属性内容,而是给该实例创建了与类属性同名的属性,也就是当其他实例再次访问该类属性时,类属性的内容没有改变。但当通过类名访问类属性时,如果给类属性内容做更改,当再次访问该类属性时,输出的是更改后的内容。

【例 7-8】 给类 Person 创建一个类属性 count,每创建一个实例时,该类属性 count 自动加 1。

```
>>>class Person(object):
>>>      count=0
>>>      def__init__(self,name):
>>>            self. name=name
>>>            Person. count=Person. count+1 #在类中访问类属性时,也是通过类名访问的
>>>print(Person. count)
0
>>>per1=Person('admin1')
>>>print(per1. count)
1
>>>per2=Person('admin2')
>>>print(per2. count)
2
>>>per2. count=55#给实例创建了一个属性 count,该属性名和类属性名重名
>>>print(per2. count)
55
>>>print(Person. count)
2
```

如上 Person 类中,我们创建了类属性 count,并赋初值为 0。因为每创建一个实例,__init__()函数都要自动被调用,所以将类属性 count 自增放在了__init__()函数里。

在类中访问类属性时,需要借用类名进行访问,如 Person. count。在类外访问类属性,也需要借用类名访问,“类名. 属性名”。通过实例访问类属性时,“实例名. 属性名”。

当通过实例改变类属性的内容时,实际达到的效果是给该实例重新定义了一个属性,该属性与类属性名相同。所以当再次通过类名访问类属性时,类属性的内容没有改变,还是 2。

7.3.1 创建属性

创建类属性可以直接在 class 中定义。

```
class Person(object):
    address='Earth'
    def__init__(self,name):
        self. name=name
```

因为类属性是直接绑定在类上的,所以,访问类属性不需要创建实例就可以直接访问。

```
print(Person. address)
#=>Earth
```

对一个实例调用类的属性也是可以访问的,所有实例都可以访问到它所属的类的属性:

```
p1=Person('Bob')
p2=Person('Alice')
print(p1.address)
#=>Earth
print(p2.address)
#=>Earth
由于 Python 是动态语言,类属性也是可以动态添加和修改的:
Person.address='China'
print(p1.address)
#=>'China'
print(p2.address)
#=>'China'
```

因为类属性只有一份,所以,当 Person 类的 address 改变时,所有实例访问到的类属性都改变了。

7.3.2 用于计算的属性

在 Python 中,可以通过@ property 将一个方法转换为属性,从而实现用于计算的属性,将方法转换为属性后,可以直接通过方法名来访问方法,而不需要再添加一对圆括号"( )",这样使得代码更简洁。通过@ property 创建用于计算的属性的语法格式如下。

【例 7-9】 用于计算的属性。

```
class Rect:
def__init__(self,width,height):
    self.width=width                                #矩形的宽
    self.height=height                              #矩形的高
    @ property                                      #将方法转换为属性
    def area(self):                                 #计算矩形的面积的方法
        return self.width * self.height             #返回矩形的面积
rect=Rect(800,600)                                  #创建实例对象
print("矩形面积为:",rect.area)                       #输出属性的值
```

运行结果:

```
矩形面积为:480000
```

【例 7-10】

```
class TVshow:
    list=["战狼 2","红海行动","湄公河行动","功夫","魔童降世之哪吒"]
    def__init__(self,show):
```

```
        self. __show=show
    @ property
    def show(self):
        return self. __show
    @ show. setter                      # 设置 setter 方法,让属性可修改
    def show(self,value):
        if value in TVshow. list:
            self. __show="您选择了《"+value+"》,稍后将播放"   #返回修改的值
        else:
            self. __show="您点播的电影不存在"
tvshow=TVshow("战狼 2")
print("正在播放:《",tvshow. show,"》")
print("您可以从",tvshow. list,"中选择要点播的电影")
tvshow. show="红海行动"                                    #修改属性值
print(tvshow. show)                                        #获取属性值
tvshow. show="捉妖记 2"                                    #修改属性值
print(tvshow. show)                                        #获取属性值
```

运行结果为:

```
正在播放:《战狼 2》
您可以从 ['战狼 2','红海行动','湄公河行动','功夫','魔童降世之哪吒'] 中选
择要点播的电影
您选择了《红海行动》,稍后将播放
您点播的电影不存在
```

7.3.3 为属性添加安全保护机制

在 Python 中,默认情况下,创建的类属性或者实例是可以在类体外进行修改的,如果想要限制其不能在类体外修改,可以将其设置为私有,但设置为私有后,在类体外也不能获取它的值,如果想要创建一个可以读取,但不能修改的属性,那么可以使用@ property 实现只读属性。

【例 7-11】 创建一个电视节目类 TVshow,再创建一个 show 属性,用于显示当前播放的电视节目。

```
class TVshow:
    def__init__(self,show):
        self. __show=show
    @ property
    def show(self):
```

```
        return self. __show
tvshow=TVshow("正在播放《复联 4》")
print("默认:",tvshow. show)
```

运行结果：

```
正在播放《复联 4》
```

【例 7-12】　在模拟电影点播功能时应用属性。

```
class TVshow:  #定义电视节目类
    list_film=["战狼 2","红海行动","西游记女儿国","熊出没·变形记"]
    def__init__(self,show):
        self. __show=show
    @ property                              #将方法转换为属性
    def show(self):                         #定义 show()方法
        return self. __show                 #返回私有属性的值
    @ show. setter      #设置 setter 方法,让属性可修改
    def show(self,value):
        if value in TVshow. list_film:      #判断值是否在列表中
          self. __show="您选择了《"+value+"》,稍后将播放"      #返回修改的值
        else:
            self. __show="您点播的电影不存在"
tvshow=TVshow("战狼 2")       #创建类的实例
print("正在播放:《",tvshow. show,"》")                #获取属性值
print("您可以从",tvshow. list_film,"中选择要点播放的电影")
tvshow. show="红海行动"       #修改属性值
print(tvshow. show)           #获取属性值
```

运行结果如图 7-4 所示。

```
正在播放: 《 战狼2 》
您可以从 ['战狼2', '红海行动', '西游记女儿国', '熊出没·变形记'] 中选择要点播放
的电影
您选择了《红海行动》, 稍后将播放
>>> |
```

图 7-4　运行结果

【例 7-13】　给 Person 类添加一个类属性 count，每创建一个实例，count 属性就加 1，这样就可以统计出一共创建了多少个 Person 的实例。

```
class Person(object):
    count=0
    def__init__(self,name):
```

```
        self. name=name
        Person. count=Person. count+1
p1=Person('Bob')
print(p1. count)
p2=Person('Alice')
print(p2. count)
p3=Person('Tim')
print(Person. count)
```

运行结果：

```
1
2
3
```

7.4　类成员和实例成员

类是创建实例的模板，而实例则是具体的对象，各个实例拥有的数据都互相独立，互不影响，方法是与实例绑定的函数，和普通函数不同，方法可以直接访问实例的数据。通过在实例上调用方法，可直接操作对象内部的数据，但无须知道方法内部的实现细节。

和静态语言不同，Python 允许对实例变量绑定任何数据，也就是说，对于两个实例变量，虽然它们都是同一个类的不同实例，但拥有的变量名称都可能不同。

类中定义的变量又称为数据成员，或者叫广义上的属性。数据成员有两种：一种是实例成员（实例属性），另一种是类成员（类属性）。

①实例成员一般是指在构造函数_init_()中定义的数据成员，定义和使用时必须以 self 作为前缀。

②类成员是在类中所有方法之外定义的数据成员。

两者的区别是：

①在主程序中（或类的外部），实例成员属于实例（即对象），只能通过对象名访问；而类成员属于类，可以通过类名或对象名访问。

②在类的方法中可以调用类本身的其他方法，也可以访问类成员以及实例成员。

提示：与很多面向对象程序设计语言不同，Python 允许动态地为类和对象增加成员，这是 Python 动态类型特点的重要体现。

【例 7-14】

```
class Vehicle:
  def_init_(self,speed):
```

```
    self. speed=speed #speed 实例成员变量
    def drive(self,distance):
    print('need %f hour(s)' % (distance/self. speed))
class Bike(Vehicle):
    pass
class Car(Vehicle):
    test='Car_original'
    def__init__(self,speed,fuel):
    Vehicle. __init__(self,speed)
    self. fuel=fuel
    def drive(self,distance):
    Vehicle. drive(self,distance)
    print('need %f fuels' %(distance * self. fuel))
b=Bike(16.0)
c=Car(120,0.015)
b. drive(200.0)
c. drive(200.0)
c2=Car(120,0.015)
c3=Car(120,0.015)
print
print('情形 1:c2 中 test 成员尚未进行过修改,c3 中对 test 进行过修改,car 不变')
c3. test='c3_test'
print(c2. test)
print(c3. test)
print(Car. test)
print
print('情形 2:c2 尚未对类成员变量 test 进行过修改,类 car 中 test 成员改变')
Car. test='Car_changed'
print('Car test:'+Car. test)
print('c2 test:'+c2. test)
print('c3 test:'+c3. test)
print
print('情形 3:c2 c3 实例中都对 test 进行过修改,car 中成员 test 再次改变')
c2. test='c2_test'
Car. test='Car_changed_again'
print('Car test:'+Car. test)
print('c2 test:'+c2. test)
print('c3 test:'+c3. test)
```

运行结果：

```
need 12.500000 hour(s)
need 1.666667 hour(s)
need 3.000000 fuels
情形 1:c2 中 test 成员尚未进行过修改,c3 中对 test 进行过修改,car 不变
Car_original
c3_test
Car_original
情形 2:c2 尚未对类成员变量 test 进行过修改,类 car 中 test 成员改变
Car test:Car_changed
c2 test:Car_changed
c3 test:c3_test
情形 3:c2 c3 实例中都对 test 进行过修改,car 中成员 test 再次改变
Car test:Car_changed_again
c2 test:c2_test
c3 test:c3_test
```

程序分析：

例 7-14 中，test 是类变量，speed，fuel 是实例变量。

一个类的类变量为所有该类型成员共同拥有，可以直接使用类型名访问（print Car.test），也可以使用类型名更改其值（Car.test='Car_changed'）

定义一个类的多个实例对象后（如 c2，c3），类成员 test 的属性。

①实例对象 c2 定义后尚未修改过类成员（例中 test）之前，c2 并没有自己的类成员副本，而是和类本身（class Car）共享，当类 Car 改变成员 test 时，c2 的成员 test 自然也是改变的。

②当实例对象中的类成员修改时，该对象才拥有自己单独的类成员副本，此后再通过类本身改变类成员时，该实例对象的该类成员不会随之改变。

③实例变量是在实例对象初始化之后才有的，不能通过类本身调用，所以也不能通过类本身改变其值，实例成员属于实例本身，同一个类的不同实例对象的实例成员也就自然是各自独立的。

【例 7-15】

```
class SchoolMember:
    count=0#总对象计数器
    def __init__(self,name):
        self.name=name
        SchoolMember.count +=1#新增对象加 1
        print("总人数为", SchoolMember.count)
    def dell(self):#删除对象
        SchoolMember.count -=1
```

```
        del self
        print("总人数是",SchoolMember.count)

class Teacher(SchoolMember):
    def __init__(self,name,salary):
        SchoolMember.__init__(self,name)
        self.name=name
        self.salary=salary
    def dell(self):#删除对象
        SchoolMember.dell(self)

class Student(SchoolMember):
    def __init__(self,name,mark):
        SchoolMember.__init__(self, name, )
        self.name=name
        self.mark=mark
    def dell(self):#删除对象
        SchoolMember.dell(self)

print("添加操作")
t1=Teacher("zhangsan",1000)
t2=Teacher("lisi",2000)
s1=Student("wangwu",90)
s2=Student("zhaoliu",95)
print("当前人数",SchoolMember.count)
print("删除操作")
t1.dell()
s1.dell()
```

运行结果：

```
添加操作
总人数为 1
总人数为 2
总人数为 3
总人数为 4
当前人数 4
删除操作
总人数是 3
总人数是 2
```

类的变量由一个类的所有对象(实例)共享使用。只有一个类变量的拷贝,所以当某个对象对类的变量做了改动的时候,这个改动会反映到所有其他的实例上。当实例调用完成之后或者有实例被删除时(del 实例名称)调用__del__函数。

7.5 封装、继承、多态

7.5.1 封装

(1)什么是封装

在程序设计中,封装(Encapsulation)是对具体对象的一种抽象,即将某些部分隐藏起来,在程序外部看不到,同时其他程序无法调用。要了解封装,离不开“私有化”,就是将类或者是函数中的某些属性限制在某个区域之内,外部无法调用。

(2)为什么要封装

封装数据的主要原因是:保护隐私(把不想别人知道的东西封装起来)。

封装方法的主要原因是:隔离复杂度。以电视机为例,用户看见的就是一个黑匣子,其实里面有很多电器元件,电视机把电器元件封装在黑匣子里,提供给用户的只是几个按钮接口,对于用户来说,不需要清楚里面都有哪些元件,只用通过按钮实现对电视机的操作。

提示:在编程语言里,对外提供的接口就是函数,称为接口函数,这与接口的概念还不一样,接口代表一组接口函数的集合体。

(3)封装分为两个层面

封装其实分为两个层面,但无论哪种层面的封装,都要对外界提供访问内部隐藏内容的接口(接口可以理解为入口,有了这个入口,使用者无须且不能够直接访问到内部隐藏的细节,只能走接口,并且可以在接口的实现上附加更多的处理逻辑,从而严格控制使用者的访问)。

第一个层面的封装:创建类和对象会分别创建二者的名称空间,我们只能用类名. 或者 obj. 的方式去访问里面的名字,这本身就是一种封装,不用执行任何操作。如下示例:

```
print(m1. brand)#实例化对象(m1. )
print(motor_vehicle. tag)#类名(motor_vehicle. )
```

运行结果:

```
春风
fuel oil
```

注意:对于这一层面的封装(隐藏),类名. 和实例名. 就是访问隐藏属性的接口。

第二个层面的封装:类中把某些属性和方法隐藏起来(或者说定义成私有的),只在类的内部使用,外部无法访问,或者留下少量接口(函数)供外部访问。

Python 中私有化的方法也比较简单,即在准备私有化的属性(包括方法、数据)名字前面加两个下划线即可。如下示例:

类中所有双下划线开头的名称如__×都会自动变形成_类名__×的形式。

```
class A:
    __N=0 #类的数据属性就应该是共享的,但是语法上是可以把类的数据属性设置成私有的如__N,会变形为_A__N
    def__init__(self):
        self.__X=10 #变形为 self._A__X
    def __foo(self):#变形为_A__foo
        print('from A')
    def bar(self):
        self.__foo() #只有在类内部才可以通过__foo 的形式访问到
```

这种自动变形的特点:

①类中定义的__×只能在内部使用,如 self.__×,引用的就是变形的结果。

②这种变形其实正是针对外部的变形,在外部是无法通过__×这个名字访问到的。

③在子类定义的__×不会覆盖在父类定义的__×,因为子类中变形成了_子类名__×,而父类中变形成了_父类名__×,即双下划线开头的属性在继承给子类时,子类是无法覆盖的。

注意:对于这一层面的封装(隐藏),需要在类中定义一个函数(接口函数)在其内部访问被隐藏的属性,然后外部就可以使用了。

但是这种机制也并没有真正意义上限制从外部直接访问属性,知道了类名和属性名就可以定义_类名__属性,仍然可以进行访问,如 a._A__N。

```
a=A()
print(a._A__N)
print(a._A__X)
print(A._A__N)
```

运行结果:

```
0
10
0
```

另外,变形的过程只在类的定义时发生一次,在定义后的赋值操作时不会变形。

```
a=A() #实例化对象 a
print(a.__dict__)  #输出变形的内容
a.__Y=20 #新增 Y 的值,此时加__不会变形
print(a.__dict__)  #输出变形的内容
```

运行结果:

```
{'_A__X':10}
{'_A__X':10,'__Y':20}   #发现后面的 Y 并没有变形
```

在继承中,父类如果不想让子类覆盖自己的方法,可以将方法定义为私有的。

```
class A:#这是正常情况
    def fa(self):
        print("from A")
    def test(self):
        self.fa()
class B(A):
    def fa(self):
        print("from B")
b=B()
b.test()
```

运行结果:

```
from B
```

如下所示是把 fa 被定义成私有的情况。

```
class A:#把 fa 定义成私有的,即__fa
    def __fa(self):  #在定义时就变形为_A__fa
        print("from A")
    def test(self):
        self.__fa()  #只会与自己所在的类为准,即调用_A__fa
class B(A):
    def __fa(self):  #b 调用的是 test,跟这个没关系
      print("from B")
b=B()
b.test()
```

运行结果:

```
from A
```

(4)**特性**

1)特性 property 的概念

property 是一种特殊的属性,也是 Python 中的装饰器,访问它时会执行一段功能(函数)然后返回值。被 property 装饰的属性会优先于对象的属性被使用,而被 propery 装饰的属性分成 3 种:property、被装饰的函数名.setter、被装饰的函数名.deleter。

【例 7-16】

```
class room:#定义一个房间的类
    def__init__(self,length,width,high):
        self.length=length   #房间的长
        self.width=width     #房间的宽
```

```
        self. high=high #房间的高
    @ property
    def area( self) :#求房间的平方的功能
        return self. length  *  self. width #房间的面积就是:长×宽
    @ property
    def perimeter( self) :#求房间的周长的功能
        return 2  *  (self. length + self. width) #公式为:(长+宽)×2
    @ property
    def volume( self) :#求房间的体积的功能
        return self. length  *  self. width  *  self. high #公式为:长×宽×高
r1=room(2,3,4) #实例化一个对象 r1
print("r1. area:",r1. area) #可以像访问数据属性一样去访问 area,会触发一个函数的执行,动态计算出一个值
print("r1. perimeter:",r1. perimeter) #同上,就不用像调用绑定方法一样,还得加括号才能运行
print("r1. volume:",r1. volume) #同上,就像是把运算过程封装到一个函数内部,我们不管过程,只要有结果就行
```

运行结果:

```
r1. area:6
r1. perimeter:10
r1. volume:24
```

注意:此时的特性 area、perimeter 和 volume 不能被赋值。

```
r1. area  =  8 #为特性 area 赋值
r1. perimeter  =  14 #为特性 perimeter 赋值
r1. volume  =  24 #为特性 volume 赋值
```

异常提示:

```
    r1. area=8   #第一个就提示异常了,后面的也一样
AttributeError:can' t set attribute
```

2)使用 property 的原因

将一个类的函数定义成特性以后,对象再去 obj. name 的时候使用,根本无法察觉自己的 name 是执行了一个函数然后计算出来的,这种特性的使用方式遵循了统一访问的原则。

【例 7-17】

```
class people:#定义一个人的类
    def__init__(self,name,sex):
        self. name=name
```

```
        self.sex=sex #p1.sex="male",遇到property,优先用property
    @property #查看sex的值
    def sex(self):
        return self.__sex #返回真正存值的地方
    @sex.setter #修改sex的值
    def sex(self,value):
        if not isinstance(value,str):#在设定值之前进行类型检查
            raise TypeError("性别必须是字符串类型") #不是str类型时,主动提示异常
        self.__sex = value #类型正确的时候,直接修改__sex的值,这是值真正存放的地方
            #这里sex前加"__",对sex变形,隐藏
    @sex.deleter #删除sex
    def sex(self):
        del self.__sex
p1=people("egon","male") #实例化对象p1
print(p1.sex) #查看p1的sex,此时要注意self.sex的优先级
p1.sex="female" #修改sex的值
print(p1.sex) #查看修改后p1的sex
print(p1.__dict__) #查看p1的名称空间,此时里面有sex
del p1.sex #删除p1的sex
print(p1.__dict__) #查看p1的名称空间,此时发现里面已经没有sex了
```

运行结果:

```
male
female
{'name':'egon','_people__sex':'female'}
{'name':'egon'}
```

Python 并没有在语法上把它们3个内建到自己的 class 机制中,在 C++里一般会将所有的数据都设置为私有的,然后提供 set 和 get 方法(接口)去设置和获取,在 Python 中通过 property 方法可以实现。

(5)封装与扩展性

封装在于明确区分内外,使得类实现者可以修改封装内的东西而不影响外部调用者的代码;而外部使用者只知道一个接口(函数),只要接口(函数)名、参数不变,使用者的代码永远无须改变。这就提供一个良好的合作基础。

```
#类的设计者
class room:#定义一个房间的类
    def__init__(self,name,owner,length,width,high):
        self.name=name
        self.owner=owner
        self.__length=length    #房间的长
        self.__width=width      #房间的宽
        self.__high=high        #房间的高
    @ property
    def area(self):             #求房间的平方的功能
        return self.__length * self.__width  #对外提供的接口,隐藏了内部的实现
                                              细节
                                             #此时我们想求的房间的面积就是:长×宽
```

实例化对象通过接口,调用相关属性得到想要的值。

```
#类的使用者
r1=room("客厅","michael",20,30,9) #实例化一个对象r1
print(r1.area) #通过接口使用(area),使用者得到了客厅的面积
```

运行结果:

```
600 #得到了客厅的面积
```

扩展原有的代码,使功能增加。

```
#类的设计者
class room: #定义一个房间的类
    def __init__(self,name,owner,length,width,high):
        self.name=name
        self.owner=owner
        self.__length=length   #房间的长
        self.__width=width   #房间的宽
        self.__high=high   #房间的高
    @ property
    def area(self):  #求房间的平方的功能
        return self.__length * self.__width  #对外提供的接口,隐藏了内部的实现
                                              细节
                                             #此时想计算的是房间的面积就是:长×宽
```

实例化对象通过接口,调用相关属性得到想要的值:

```
#类的使用者
r1 = room("客厅","michael",20,30,9)   #实例化一个对象r1
print(r1.area)   #通过接口使用(area),使用者得到了客厅的面积
```

运行结果：

```
600    #得到了客厅的面积
```

7.5.2 继承

(1)什么是继承

继承是一种创建新的类的方式,新建的类可以继承一个或多个父类,原始类成为基类或超类,新建的类则称为派生类或子类。

其中,继承又分为:单继承和多继承。

```
class parent_class1:    #定义父类(基类或超类)
    pass
class parent_class2:    #定义父类(基类或超类)
    pass
class subclass1(parent_class1):    #单继承,父类(基类或超类)是:parent_class1,
    pass                                        #子类(派生类)是:subclass。
class subclass2(parent_class1,parent_class2):    #支持多继承,括号里的父类用逗号隔开
    pass
```

注意:圆括号中父类的顺序,若是父类中有相同的方法名,而在子类使用时未指定,Python将从左至右搜索,即方法在子类中未找到时,从左到右查找父类中是否包含该方法。

查看继承:

```
print(subclass1.__bases__)
print(subclass2.__bases__)
```

运行结果:

```
(<class '__main__.parent_class1'>,)
(<class '__main__.parent_class1'>,<class '__main__.parent_class2'>)
```

(2)继承与抽象

抽象是指抽取类似的或者比较像的部分,即找出共同点。

抽象只是分析和设计过程中的一个动作或者说一种技巧,通过抽象可以得到想要的类。其最主要的作用是划分类别,可以隔离关注点,降低复杂度。抽象分为两步,以机动车为例,先将奔驰和宝马这两对象比较像的部分抽取成类,如轿车;再将轿车、货车、摩托车这三个类,比较像的部分抽取成父类,即机动车,如图 7-5 所示。

继承是指基于抽象的结果,通过编程语言去实现它,要先经历抽象这个过程,才能通过继承的方式去表达出抽象的结构,如图 7-6 所示。

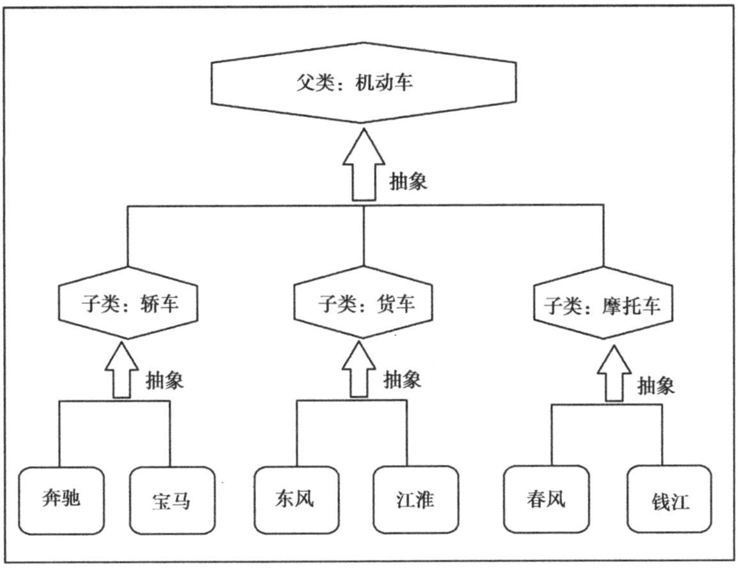

图 7-5　抽象

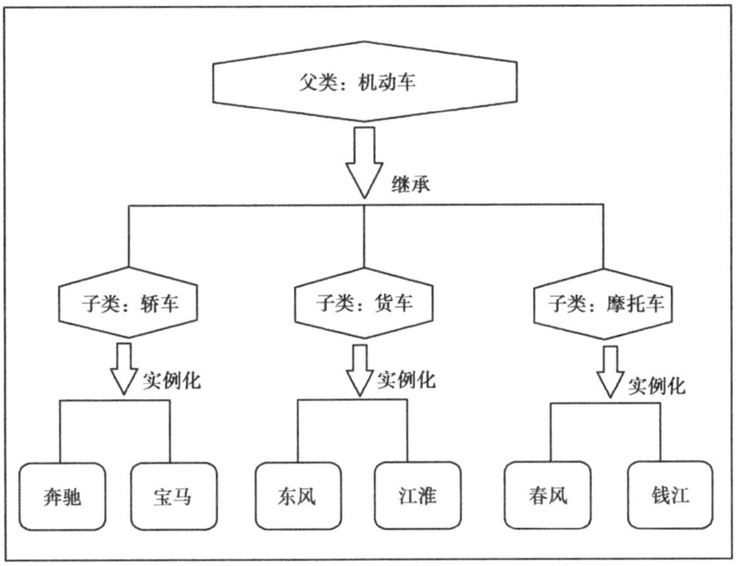

图 7-6　继承

(3)继承与重用性

在开发程序的过程中，如果定义了一个类 A，又想新建立另外一个类 B，但是类 B 的大部分内容与类 A 相同时，我们不可能从头开始写一个类 B，这时就用到了类的继承。

通过继承的方式新建类 B，让 B 继承 A，B 会“遗传”A 的所有属性（数据属性和函数属性），实现代码重用。

【例 7-18】

```
class motor_vehicle:#父类:机动车
    tag="fuel oil" #共有的特征都必须烧燃油
    def __init__(self,brand,motorcycle_type,displacement):
        self.brand = brand #车辆品牌
        self.motorcycle_type=motorcycle_type #车辆类型
        self.displacement = displacement #车辆排量
    def advance(self):#都有前进的技能
        print("%s,出发了!"%self.brand)
    def stop(self,other):#都有刹车技能
        print("%s,遇到开 %s 的司机减速了!"%(self.brand,other.brand))
class saloon(motor_vehicle):#轿车类继承父类(机动车)
    pass
class motorcycle(motor_vehicle):#摩托车类继承父类(机动车)
    pass
s1=saloon("奔驰","saloon",600) #实例化对象 s1
m1=motorcycle("春风","motorcycle",650) #实例化对象 m1
print(s1.displacement) #查看 s1 的排量
print(m1.brand) #查看 m1 的品牌
s1.stop(m1) #对象调用对应的绑定方法。
```

运行结果:

```
600
春风
奔驰,遇到开 春风 的司机减速了!
```

用已经有的类建立一个新的类,这样就重用了已经有的软件中的代码,大大减少了编程的工作量,这就是常说的代码重用,不仅可以重用自己的类,也可以继承别人的,比如标准库,来定制新的数据类型,这样就大大缩短了软件开发周期,对大型软件开发来说意义重大。

注意:像 m1.brand 之类的属性引用,会先从实例中找 brand,然后去类中找,然后再去父类中找,直到顶级的父类。

当然子类也可以添加自己新的属性或者在自己这里重新定义这些属性(不会影响到父类),需要注意的是,一旦重新定义了自己的属性且与父类重名,那么调用新增的属性时,就以自己定义的为准了。

```
class motorcycle(motor_vehicle):#摩托车类继承父类(机动车)
    def advance(self):#在自己这里定义新的 advance,不再使用父类的 advance,且不
会影响父类
        print("from motorcycle")
    def fun(self):#定义新的功能
        print("michael is a motorcycle trip")
```

运行结果：

```
from motorcycle
michael is a motorcycle trip
```

在子类中，新建的重名的函数属性，在编辑函数内功能的时候，有可能需要重用父类中重名的函数功能，用调用普通函数的方式，即类名.func()，此时就与调用普通函数无异，因此即便是self参数也要为其传值。

(4)组合与重用性

软件重用的重要方式除了继承之外还有组合。组合是指在一个类中以另外一个类的对象作为数据属性，称为类的组合。

组合与继承都是有效地利用已有类的资源的重要方式，但是二者的概念和使用场景皆不同。

1)继承的方式

通过继承建立了派生类与基类之间的关系，它是一种"是"的关系，比如奔驰是轿车，货车是机动车。当类之间有很多相同的功能，提取这些共同的功能做成基类，用继承比较好。

2)组合的方式

用组合的方式建立了类与组合的类之间的关系，它是一种"有"的关系。当类之间有显著不同，并且较小的类是较大的类所需要的组件时，用组合比较好。

(5)接口与归一化设计

1)接口的概念(Java中的interface)

Java的Interface很好地体现了前面分析的接口的特征：

①接口是一组功能的集合，而不是一个功能。

②接口的功能用于交互，所有的功能都是public，即别的对象可操作。

③接口只定义函数，但不涉及函数实现。

2)接口继承

继承有两种用途：

①继承基类的方法，并且做出自己的改变或者扩展(代码重用)。

②声明某个子类兼容于某基类，定义一个接口类Interface，接口类中定义了一些接口名(就是函数名)且并未实现接口的功能，子类继承接口类，并且实现接口中的功能。

实践中，继承的第一种含义意义并不大。因为它使得子类与基类出现强耦合。

继承的第二种含义非常重要。它又叫"接口继承"。

接口继承实质上是要求"做出一个良好的抽象，这个抽象规定了一个兼容接口，使得外部调用者无须关心具体细节，可一视同仁地处理实现了特定接口的所有对象"——这在程序设计上叫作归一化。

归一化使得高层的外部使用者可以不加区分地处理所有接口兼容的对象集合——就好像Linux的泛文件概念一样，所有东西都可以当文件处理，不必关心它是内存、磁盘、网络还是屏幕(当然，对底层设计者也可以区分出"字符设备"和"块设备"，然后视需求做出针对性的设计)。

在Python中没有一个叫作Interface的关键字，代码class Interface只是看起来类似接口，其实并没有起到接口的作用,子类完全可以不用去实现接口 ,如果非要去模仿接口的概念,可以借助第三方模块。

3)为何要用接口

接口提取了一群类共同的函数,可以把接口当作一个函数的集合,然后让子类去实现接口中的函数。这么做的意义在于归一化。归一化,就是只要是基于同一个接口实现的类,那么所有的这些类产生的对象在使用时,从用法上来说都一样。

归一化让使用者无须关心对象的类是什么,只需要知道这些对象都具备某些功能就可以了,这极大地降低了使用难度。

比如:定义了一个动物接口,接口里定义了有跑、吃、呼吸等接口函数,老鼠的类去实现了该接口,松鼠的类也去实现了该接口,由二者分别产生一只老鼠和一只松鼠送到使用者面前,即便分别不出哪只是老鼠哪只是松鼠也能知道它俩都会跑,都会吃,都能呼吸。再比如:有一个汽车接口,里面定义了汽车所有的功能,有本田汽车的类,奥迪汽车的类,大众汽车的类,它们都实现了汽车接口,这样就好办了,使用者只需要学会了怎么开汽车,那么无论是本田、奥迪还是大众就都会开了,开的时候无须关心开的是哪一类车,因为操作手法(函数调用)都一样。

(6)抽象类

与 Java 一样,Python 也有抽象类的概念,但是同样需要借助模块实现。抽象类是一个特殊的类,它的特殊之处在于只能被继承,不能被实例化。但是其本质还是类。抽象类中加了装饰器的函数,子类必须实现它们。

(7)继承实现的原理

1)继承的顺序

Python 的类是可以继承多个类的,在 Java 和 C#中则只能继承一个类。当 Python 的类继承了多个类时,在 Py2 里寻找父类的方式有两种,分别是深度优先和广度优先。当类是经典类时,多继承情况下,会按照深度优先的方式寻找;当类时新式类时,多继承情况下,会按照广度优先的方式寻找。在 Py3 里寻找父类的方式只有一种,即广度优先。

2)经典类和新式类的区别

经典类和新式类,从字面上可以看出一个老一个新,新的必然包含了更多的功能,也是之后推荐的写法,从写法上区分的话,如果当前类或者父类继承了 object 类,那么该类便是新式类,否则便是经典类。

3)继承原理(Python 如何实现的继承)

Python 到底是如何实现继承的,对于定义的每一个类,Python 会计算出一个方法解析顺序(MRO)列表,这个 MRO 列表就是一个简单的所有基类的线性顺序列表。

为了实现继承,Python 会在 MRO 列表上从左到右开始查找基类,直到找到第一个匹配这个属性的类为止。而这个 MRO 列表的构造是通过一个 C3 线性化算法来实现的。我们不去深究这个算法的数学原理,它实际上就是合并所有父类的 MRO 列表并遵循如下 3 条准则:

①子类会先于父类被检查。

②多个父类会根据它们在列表中的顺序被检查。

③如果对下一个类存在两个合法的选择,选择第一个父类。

(8)子类中调用父类方法

子类继承了父类的方法,然后想进行修改,注意是基于原有的基础上修改,那么就需要在子类中调用父类的方法。

当你使用 super( )函数时,Python 会在 MRO 列表上继续搜索下一个类。只要每个重定义的方法统一使用 super( ),并只调用它一次,那么控制流最终会遍历完整个 MRO 列表,每个方法也只会被调用一次,应注意的是,使用 super 调用的所有属性,都是从 MRO 列表当前的位置往后找,所以一定要看 MRO 列表而不要通过看代码去找继承关系。

7.5.3 多态

(1)多态

多态指的是一类事物有多种形态,即一个抽象类有多个子类,因而多态的概念依赖于继承。

(2)多态性

多态性是指同一种调用方式有不同的执行效果(在调用角度),其好处是增加了程序的灵活性。以不变应万变,不论对象千变万化,使用者都是同一种形式去调用。

实训项目拓展

编写一个员工信息管理系统,可以录入、打印、查询、修改和删除员工信息。

设计思路:员工信息使用 Staff 类来表示,在其构造方法中对职工 ID、姓名、性别和出生日期进行设置,并对其_str_(self)方法进行重定义,以生成对象实例的字符串表示形式。使用列表表示一组员工信息,列表中的每个元素都是一个 Staff 对象。定义一些函数,分别用于显示系统菜单、录入员工信息、显示员工信息、查询员工信息、修改员工信息。程序运行时,首先显示系统菜单,当选择某个功能时调用相关函数来实现该功能。

参考程序:

```
staffs=[ ]
class Staff:
    def__init__(self,sid,name,gender,birthdate):
            self. sid=sid
            self. name=name
            self. gender=gender
            self. birthdate=birthdate
    def__str__(self):
            return f'{self. sid}\t{self. name}\t{self. gender}\t{self. birthdate}'
def show_menu():
    menu='''***员工信息管理系统***
    1. 录入信息            2. 打印信息
```

```
    3.查询信息            4. 修改信息
    5.删除信息            0. 退出系统'''
    print(menu)
def add():
    print('**录入信息**')
    sid=input('员工 ID:')
    name=input('姓名:')
    gender=input('性别:')
    birthdate=input('出生日期:')
    staff=Staff(sid,name,gender,birthdate)
    staffs.append(staff)
    print('数据已保存!')
    choice=input('继续录入吗(Y/N)?')
    if choice.upper()=='Y':
        add()
    elif choice.upper()=='N':
        return
def display():
    print('**打印信息**')
    for staff in staffs:
        print(staff)
    print('请按回车键继续...',end='')
    input()
def query():
    sid = input('请输入要查询的员工 ID:')
    for staff in staffs:
        if sid==staff.sid:
            print('已经找到,该员工信息如下:')
            print(staff)
            break
    else:
        print('查无此人')
    print('请按回车键继续...',end='')
    input()
def modify():
    print('**修改信息**')
    sid=input('请输入要修改的员工 ID:')
    for staff in staffs:
```

```
            if sid==staff.sid:
                print('原有信息:',staff)
                if name:=input('姓名:'):
                    staff.name=name
                if gender:=input('性别:'):
                    staff.gender=gender
                if birthdate:=input('出生日期:'):
                    staff.birthdate=birthdate
                print('修改之后:',staff)
                break
    else:
        print('查无此人')
    print('请按回车键继续...',end='')
    input()
def delete():
    global staffs
    print('**删除信息**')
    sid=input('请输入要删除的员工 ID:')
    for i in range(len(staffs)):
        if sid==staffs[i].sid:
            del staffs[i]
            print('信息删除成功!')
            break
    else:
        print('查无此人')
    print('请按回车键继续...',end='')
    input()
if __name__=='__main__':
    while 1:
        show_menu()
        choice=int(input('请输入你的选择(0-5):'))
        if choice==1:
            add()
        elif choice==2:
            display()
        elif choice==3:
            query()
        elif choice==4:
```

```
        modify()
    elif choice==5:
        delete()
    elif choice==0:
        print('系统已退出,谢谢使用!')
        break
    else:
        print('无效选择!')
```

项目 8
文件操作

【实训目标】

掌握文件的基本操作方法，包括文件路径读取、文件打开、文件内容读取、文件内容写入、组织文件等操作。

【技能基础】

8.1 基本操作

8.1.1 路径拼接

在 Windows 和非 Windows 操作系统中，关于路径使用的斜杠不同，例如 Windows 操作系统是用\，而 Linux 操作系统是用/，Windows 操作系统根目录是盘符 C:\，而 Linux 操作系统根目录是/。我们可以使用 os. path. join( )拼接出正确的路径。

参考程序：

```
import os
print( os. path. join( ' D' ,' Python Files' ,' Test Files' ) )
```

运行结果：

```
C\Python Files\Test Files
```

路径的 3 种方式。

①使用左斜线（推荐使用）。

```
file=open( ' D:/JiaoXue/社会主义核心价值观. txt' ,encoding=' utf-8' )
```

②使用转义符。

```
file=open('D:\\JiaoXue\\社会主义核心价值观.txt',encoding='utf-8')
```

③使用 r 格式化字符。

```
file=open(r'D:\JiaoXue\社会主义核心价值观.txt',encoding='utf-8')
```

8.1.2 处理绝对路径和相对路径

处理绝对路径和相对路径见表 8-1。

表 8-1 处理绝对路径和相对路径

方法	说明
os.path.abspath()	返回参数的绝对路径,可用于把相对路径转换为绝对路径
os.path.isabs()	若路径为绝对路径,返回 True
os.path.relpath(path,start)	返回从 start 到 path 的相对路径,默认返回从当前路径到 path 的相对路径

【例 8-1】

参考程序:

```
import os
print(os.getcwd())                # 查看当前工作目录
print(os.path.abspath('.'))  # 把相对路径转换为绝对路径
print(os.path.isabs('.'))       # 是绝对路径就返回 True
print(os.path.relpath('D:\\','D:\\pycharm\\02'))  # 返回相对路径
```

运行结果:

```
D:\pycharm\02
D:\pycharm\02
False
..\..
```

8.1.3 分离路径名和文件名

分离路径名和文件名见表 8-2。

表 8-2 分离路径名和文件名

方法	说明
os.path.dirname(path)	将返回 path 参数中最后一个斜杠之前的内容,即返回目录名称
os.path.basename(path)	将返回 path 参数中最后一个斜杠之后的内容,即返回基本名称

【例 8-2】
参考程序：

```
import os
path=r'C:\Windows\System32\calc.exe'
print(os.path.dirname(path))   # 获取目录名称
print(os.path.basename(path))   # 获取基本名称
```

运行结果：

```
C:\Windows\System32
calc.exe
```

8.1.4　分离文件名和文件后缀

分离文件名和文件后缀见表 8-3。

表 8-3　分离文件名和文件后缀

方法	说明
os.path.splitext()	以元组形式返回文件名和扩展名
os.path.split()	以元组形式返回文件的路径和文件名

【例 8-3】
参考程序：

```
import os
path=r'D:\JiaoXue\社会主义核心价值观.txt'
a=os.path.split(path)   #分离路径和文件
print(a)
b=os.path.splitext(a[-1])   #分离文件名和后缀
print(b)
```

运行结果：

```
('D:\\JiaoXue','社会主义核心价值观.txt')
('社会主义核心价值观','.txt')
```

【例 8-4】　将“D:\JiaoXue\图片”文件夹下所有 jpg 后缀的文件改成 png 后缀。
参考程序：

```
import os
path=r"C:\Users\asuka\Desktop\123"
os.chdir(path)   #修改工作路径
files=os.listdir(path)
print('原始文件名:'+str(files))   #打印看一下上面目录中有哪些文件
```

```
#使用 os.path.splitext 分离文件名和后缀
for filename in files:
    fa=os.path.splitext(filename)
    if fa[1]==".jpg":
        newname=fa[0]+".png"
        os.rename(filename,newname)
files=os.listdir(path)
print('现在文件名:'+str(files))  #打印看一下上面目录中有哪些文件
```

8.1.5 当前工作目录

当前工作目录见表 8-4。

表 8-4 当前工作目录

方法	说明
os.getcwd()	获取当前工作路径
os.chdir()	更换当前工作路径

【例 8-5】

参考程序:

```
import os
print(os.getcwd())                              #获取当前的工作路径
os.chdir('C:\\Program Files\\Common Files')     #更换工作目录
print(os.getcwd())                              #获取当前的工作路径
```

运行结果:

```
D:\pycharm\02
C:\Program Files\Common Files
```

8.1.6 创建新文件夹

创建新文件夹见表 8-5。

表 8-5 创建新文件夹

方法	说明
os.makedirs()	创建文件夹,并创建出中间所有必要的中间文件夹,来确保完整路径名存在

【例 8-6】

参考程序:

```
import os
path_test=os.path.exists(r'D:\files\python_01')    #验证路径是否存在
print(path_test)
os.makedirs(r'D:\files\python_01\test_folder')
print(os.path.exists(r'D:\files\python_01'))        #验证路径是否存在
```

运行结果：

```
False
True
```

8.1.7　查看文件夹目录和文件大小

查看文件夹目录和文件大小见表8-6。

表8-6　查看文件夹目录和文件大小

方法	说明
os.path.getsize(path)	返回path参数中文件的字节数
os.listdir(path)	返回path参数中的文件夹内容

【例8-7】

参考程序：

```
import os
path=r'C:\Windows\System32\calc.exe'    #查看文件大小
print(os.path.getsize(path))
```

运行结果：

```
27648
```

【例8-8】

参考程序：

```
import os
totalSize=0
for filename in os.listdir(r'D:\我的文档'):
#查看文件夹大小
    totalSize+=os.path.getsize(os.path.join(r'D:\我的文档',filename))
print(totalSize)
```

运行结果：

```
144597950
```

【例 8-9】

参考程序：

```
import os
path=r'D:\警示名言'
print(os.listdir(path))    #查看文件夹的内容
```

运行结果：

```
['严以律己','宽以待人']
```

严以律己，宽以待人是中华民族的传统美德。平时不能太放纵自己，这样才能更好地进步，完善自我，与他人的关系也会变得更加和谐融洽。以这样的态度对人，就能化隔阂为理解，化矛盾为情谊，变错误为机遇，变不足为优势。

8.1.8 路径有效性

路径有效性见表 8-7。

表 8-7 路径有效性

方法	路径
os.path.exists()	若路径存在，返回 True
os.path.isfile()	若路径存在且为文件，返回 True
os.path.isdir()	若路径存在且为文件夹，返回 True

【例 8-10】

参考程序：

```
import os
test_1=os.path.exists(r'C:\Windows')                          #检查路径是否存在
print(test_1)
test_2=os.path.isfile(r'C:\Windows\System32\calc.exe')        #检查文件是否存在
print(test_2)
test_3=os.path.isdir(r'C:\Windows')                           #检查文件夹是否存在
print(test_3)
```

运行结果：

```
True
True
True
```

8.2　文件操作

文件按存储形式可划分为纯文本文件和二进制文件。

①纯文本文件:只包含基本文本字符,不包含字体、大小、颜色信息。

②二进制文件:非纯文本文件,诸如PDF、图像、电子表格、可执行程序等。

在Python中,读写文件分为3个步骤:

第一步,调用open()函数,返回一个File对象(File对象代表计算机中的一个文件,它是Python中另一种类型的值);

第二步,调用File对象中的read()或write()方法;

第三步,调用File对象的close()方法,关闭该文件。

8.2.1　创建和打开文件(当文件不存在时,打开即为创建)

在Python中,想要操作文件需要先创建文件或者打开制定的文件并创建对象,可以通过内置函数open()实现。

```
file=open(finename,'mode',bufering)
```

参数说明:

- file:被创建的文件的对象。
- filename:要创建或者打开文件的文件名称,如果打开的文件和当前文件在同一个目录下则直接写文件名即可,否则需要指定完整的路径。
- mode:可选参数,用于制定文件的打开模式,默认打开模式为只读(即为r)。
- buffering:可选参数,用于指定读写文件的缓冲模式,值为0表达式不缓存,值为1表示缓存,大于1表示缓冲区的大小。默认为缓存模式。

注:open函数不仅可以以文本的形式打开文本文件,还可以以二进制的形式打开非文本文件(如图片、音频、视频等)。

mode参数的参数值说明见表8-8。

表8-8　mode参数的参数值说明

模式	描述
t	文本模式(默认)
x	写模式,新建一个文件,如果该文件已存在则会报错
b	二进制模式
+	打开一个文件进行更新(可读可写)
r	以只读方式打开文件。文件的指针将会放在文件的开头。这是默认模式
rb	以二进制格式打开一个文件用于只读。文件指针将会放在文件的开头。这是默认模式。一般用于非文本文件,如图片等
r+	打开一个文件用于读写。文件指针将会放在文件的开头

续表

模式	描述
rb+	以二进制格式打开一个文件用于读写。文件指针将会放在文件的开头。一般用于非文本文件,如图片等
w	打开一个文件只用于写入。如果该文件已存在,则打开文件并从开头开始编辑,即原有内容会被删除。如果该文件不存在,创建新文件
wb	以二进制格式打开一个文件只用于写入。如果该文件已存在,则打开文件并从开头开始编辑,即原有内容会被删除。如果该文件不存在,创建新文件。一般用于非文本文件,如图片等
w+	打开一个文件用于读写。如果该文件已存在,则打开文件并从开头开始编辑,即原有内容会被删除。如果该文件不存在,创建新文件
wb+	以二进制格式打开一个文件用于读写。如果该文件已存在,则打开文件并从开头开始编辑,即原有内容会被删除。如果该文件不存在,创建新文件。一般用于非文本文件,如图片等
a	打开一个文件用于追加。如果该文件已存在,文件指针将会放在文件的结尾。也就是说,新的内容将会被写入到已有内容之后。如果该文件不存在,创建新文件并进行写入
ab	以二进制格式打开一个文件用于追加。如果该文件已存在,文件指针将会放在文件的结尾。也就是说,新的内容将会被写入到已有内容之后。如果该文件不存在,创建新文件并进行写入
a+	打开一个文件用于读写。如果该文件已存在,文件指针将会放在文件的结尾。文件打开时会是追加模式。如果该文件不存在,创建新文件用于读写
ab+	以二进制格式打开一个文件用于追加。如果该文件已存在,文件指针将会放在文件的结尾。如果该文件不存在,创建新文件用于读写

8.2.2 读取文件

(1) read()

【例 8-11】 使用 read(),返回所有文本内容。

参考程序:

```
a=open(r'D:\JiaoXue\社会主义核心价值观.txt',encoding='utf-8')
file=a.read()
print(file)
a.close()
```

运行结果:

```
富强、民主、文明、和谐
自由、平等、公正、法治
爱国、敬业、诚信、友善
```

【例 8-12】 给 read()设置读取的长度。

参考程序:

```
file=open(r'D:\JiaoXue\社会主义核心价值观.txt',encoding='utf-8')
print(file.read(5))
file.close()
```

运行结果：

```
富强、民主
```

(2) readline()

【例 8-13】 使用 readline()，按行读取。

参考程序：

```
import os
a=open(r'D:\JiaoXue\社会主义核心价值观.txt',encoding='utf-8')
print(a.readline())
```

运行结果：

```
富强、民主、文明、和谐
```

(3) readlines()

【例 8-14】 使用 readlines()，把每行的内容添加到列表中。

参考程序：

```
import os
a=open(r'D:\JiaoXue\社会主义核心价值观.txt',encoding='utf-8')
print(a.readlines())
```

运行结果：

```
['富强、民主、文明、和谐',
'自由、平等、公正、法治',
'爱国、敬业、诚信、友善']
```

【例 8-15】 使用 readlines()读取文本文件。

参考程序：

```
import os
a=open(r'D:\JiaoXue\社会主义核心价值观.txt',encoding='utf-8')
f=a.readlines())
for i in f:
    i=i.replace('\n','')
    print(i)
```

运行结果:

```
富强、民主、文明、和谐
自由、平等、公正、法治
爱国、敬业、诚信、友善
```

8.2.3 写入文件

写入文件分为“写模式”和“添加模式”。

①“写模式”:覆写原有的内容(把原来的内容清空,写入新的内容)。

②“添加模式”:在原有的内容后面添加新的内容。

如果传递给open()的文件名不存在,两种模式都会创建一个新的空文件,在读写结束后,调用close()方法,然后才能再次打开该文件。

写文件时,只能写入字符串或者二进制。字典、数字、列表等都不能直接写到文件里,需要转换为字符串或者二进制数据。

(1)write()

【例8-16】 运用“写模式”,首先覆写内容,关闭文件。再读取内容,关闭文件。

参考程序:

```
a=open(r'D:\JiaoXue\写模式测试.txt','w')
a.write('书读百遍,其义自见\n')
a.close()
b=open(r'D:\JiaoXue\写模式测试.txt')
print(b.read())
b.close()
```

运行结果:

```
书读百遍,其义自见
```

【例8-17】 运用“添加模式”,首先追加内容,关闭文件。再读取内容,关闭文件。

参考程序:

```
a=open(r'D:\JiaoXue\写模式测试.txt','a')
a.write('出自宋代朱熹的《读书要三到》')
a.close()
b=open(r'D:\JiaoXue\写模式测试.txt')
print(b.read())
b.close()
```

运行结果:

```
读书百遍,其义自见
出自宋代朱熹的《读书要三到》
```

(2) writelines( )

【例 8-18】　使用 writelines( ),读取一个文本文件。

参考程序:

```
import os
os.chdir(r'C:\Users\Lenovo\Desktop')
print(os.path.exists('沁园春·雪.txt'))
with open('沁园春·雪.txt','r',encoding='utf8') as f:
    contents=f.readlines()
for i in contents:
    i=i.replace('\n','')
    print(i)
```

运行结果:

```
    北国风光,千里冰封,万里雪飘。望长城内外,惟余莽莽;大河上下,顿失滔滔。山舞银蛇,原驰蜡象,欲与天公试比高。须晴日,看红装素裹,分外妖娆。江山如此多娇,引无数英雄竞折腰。惜秦皇汉武,略输文采;唐宗宋祖,稍逊风骚。一代天骄,成吉思汗,只识弯弓射大雕。俱往矣,数风流人物,还看今朝。
```

《沁园春·雪》是无产阶级革命家毛泽东创作的一首词。该词上片描写北国壮丽的雪景,纵横千万里,展示了大气磅礴、旷达豪迈的意境,抒发了词人对祖国壮丽河山的热爱。下片议论抒情,重点评论历史人物,歌颂当代英雄,抒发了无产阶级要做世界的真正主人的豪情壮志。全词熔写景、议论和抒情于一炉,意境壮美,气势恢宏,感情奔放,胸襟豪迈,颇能代表毛泽东诗词的豪放风格。

8.3　组织文件

本节主要讲解 shutil 模块的相关用法。

8.3.1　复制文件和文件夹

(1) 复制文件

默认使用源文件的文件名,也可指定文件名,甚至后缀名。

【例 8-19】

参考程序一:

```
os.chdir('D:\\')
# 接复制到某目录下(默认保留源文件名)
shutil.copy(r'D:\picture\时间.png',r'D:\iso')
```

运行结果:

```
'D:\\iso\\时间.png'
```

参考程序二:

```
# 复制到某目录下,修改新文件的文件名
shutil.copy(r'D:\picture\时间.png',r'D:\iso\time.png')
```

运行结果:

```
'D:\\iso\\time.png'
```

参考程序三:

```
# 复制到某目录下,修改新文件的文件名,甚至后缀
shutil.copy(r'D:\picture\时间.png',r'D:\iso\test.jpg')
```

运行结果:

```
'D:\\iso\\test.jpg'
```

(2)复制文件夹

【例 8-20】 把 picture 文件夹全部复制走,并且把 picture 改名为 picture_bak。

参考程序:

```
import shutil,os
os.chdir('D:\\')
shutil.copytree(r'D:\picture',r'D:\iso\picture_bak')
```

运行结果:

```
'D:\\iso\\picture_bak'
```

8.3.2 移动文件和文件夹

shutil.move(source,destination)将路径 source 处的文件、文件夹全部移动到 destination,并返回新位置的绝对路径的字符串。

【例 8-21】

参考程序一:

```
import shutil
import os
os.chdir(r'C:\Users\Lenovo\Desktop')
shutil.copy(r'1\test.txt',r'2')
```

把文件移动到目标位置,并重命名。

参考程序二:

```
import shutil
import os
os. chdir( r' C:\Users\Lenovo\Desktop' ) *
shutil. copy( r' 1\test. txt' ,r' 2\666. txt' )
```

8.4　基于 Pandas 的文件操作

8.4.1　Pandas 的概念

Pandas 是 Python 语言的一个扩展程序库,用于数据分析。它是一个开放源码、BSD 许可的库,提供高性能、易于使用的数据结构和数据分析工具,名字衍生自术语"panel data"(面板数据)和"Python data analysis"(Python 数据分析)。

Pandas 是一个强大的分析结构化数据的工具集,基础是 Numpy(提供高性能的矩阵运算),可以从各种文件格式比如 CSV、JSON、SQL、Microsoft Excel 导入数据,可以对各种数据进行运算操作,比如归并、再成形、选择,还有数据清洗和数据加工特征,广泛应用在学术、金融、统计学等各个数据分析领域。

Pandas 的主要数据结构是 Series(一维数据)与 DataFrame(二维数据),这两种数据结构足以处理金融、统计、社会科学、工程等领域里的大多数典型用例。

Series 是一种类似于一维数组的对象,它由一组数据(各种 Numpy 数据类型)以及一组与之相关的数据标签(即索引)组成。

DataFrame 是一个表格型的数据结构,它含有一组有序的列,每列可以是不同的值类型(数值、字符串、布尔型值)。DataFrame 既有行索引也有列索引,它可以被看作由 Series 组成的字典(共同用一个索引)。

8.4.2　Series 数据结构

Pandas Series 类似表格中的一个列(column),类似于一维数组,可以保存任何数据类型。Series 由索引(index)和列组成,函数如下:

```
pandas. Series( data, index, dtype, name, copy)
```

参数说明:

- data:一组数据(ndarray 类型)。
- index:数据索引标签,如果不指定,默认从 0 开始。
- dtype:数据类型,默认自己判断。
- name:设置名称。
- copy:拷贝数据,默认为 False。

【例 8-22】

参考程序一：

```
#创建 series
import pandas as pd
data=[10,11,12]
index=['a','b','c']
s=pd.Series(data=data,index=index)
print(s)
```

运行结果：

```
a 10
b 11
c 12
dtype:int64
```

参考程序二：

```
#索引操作(查操作)
s.loc['b'] # 按照 index 数组的元素查找
```

运行结果：

```
11
```

参考程序三：

```
s.iloc[0] # 按照 index 数组的第 0 个元素查找
```

运行结果：

```
10
```

参考程序四：

```
#用 replace()进行修改
s1.replace(to_replace=100,value=101,inplace=True)
print(s1)
```

运行结果：

```
a 101
b 11
c 12
dtype:int64
```

参考程序五：

```
# 不仅可以更改数值,还可以更改索引
s1.index = ['a','b','d']
print(s1)
```

运行结果：

```
a 101
b 11
d 12
dtype:int64
```

参考程序六：

```
#上述方法太烦琐,需要把更改后的内容全都说明。还可以用 rename()
s1.rename(index={'a':'A'},inplace=True)
print(s1)
```

运行结果：

```
A 101
b 11
d 12
dtype:int64
```

参考程序七：

```
# 增操作,既可以把之前的数据加上,也可以创建新的索引条。
data=[100,110]
index=['h','x']
s2=pd.Series(data=data,index=index)
s3=s1.append(s2)
s3['j']=500
print(s3)
```

运行结果：

```
    A 101
    b 11
    d 12
    h 100
    x 110
    j 500
dtype:int64
```

8.4.3 DataFrame 数据结构

DataFrame 构造方法如下：

```
pandas.DataFrame(data,index,columns,dtype,copy)
```

参数说明：

- data：一组数据（ndarray,series,map,lists,dict 等类型）。
- index：索引值，或者可以称为行标签。
- columns：列标签，默认为 RangeIndex（0,1,2,…,n）。
- dtype：数据类型。
- copy：拷贝数据，默认为 False。

【例 8-23】

参考程序一：

```
# 使用列表创建 DataFrame。
import pandas as pd
data = [['Google',10],['Runoob',12],['Wiki',13]]
df = pd.DataFrame(data,columns=['Site','Age'],dtype=float)
print(df)
```

运行结果：

```
     Site   Age
0  Google  10.0
1  Runoob  12.0
2    Wiki  13.0
```

参考程序二：

```
# 使用 ndarrays 创建 DataFrame。
import pandas as pd
data={'Site':['Google','Runoob','Wiki'],'Age':[10,12,13]}
df=pd.DataFrame(data)
print(df)
```

运行结果：

```
     Site   Age
0  Google  10.0
1  Runoob  12.0
2    Wiki  13.0
```

参考程序三：

```
# 使用字典创建 DataFrame
import pandas as pd
data=[{'a':1,'b':2},{'a':5,'b':10,'c':20}]
df=pd.DataFrame(data)
print(df)
```

运行结果：

```
   a   b     c
0  1   2   NaN
1  5  10  20.0
```

【例 8-24】 Pandas 可以使用 loc 属性返回指定行的数据，如果没有设置索引，第一行索引为 0，第二行索引为 1，以此类推。

参考程序：

```
import pandas as pd
data={"calories":[420,380,390],"duration":[50,40,45]}
#数据载入到 DataFrame 对象
df=pd.DataFrame(data)
#返回第一行
print(df.loc[0])
#返回第二行
print(df.loc[1])
```

运行结果：

```
calories    420
duration     50
Name:0,dtype:int64
calories    380
duration     40
Name:1,dtype:int64
```

【例 8-25】 也可以返回多行数据，使用[[...]]格式为各行的索引，以逗号隔开。

参考程序一：

```
import pandas as pd
data={"calories":[420,380,390],"duration":[50,40,45]}
#数据载入到 DataFrame 对象
df=pd.DataFrame(data)
#返回第一行和第二行
print(df.loc[[0,1]])
```

运行结果：

```
        calories  duration
0       420       50
1       380       40
```

参考程序二：

```
import pandas as pd
data={"calories":[420,380,390],"duration":[50,40,45]}
df=pd.DataFrame(data,index=["day1","day2","day3"])
print(df)
```

运行结果：

```
        calories  duration
day1    420       50
day2    380       40
day3    390       45
```

实训项目拓展

①用户输入当前目录下任意文件名，完成对该文件的备份功能(备份文件名为××[备份]后缀，例如：(test[备份].txt)。

```
# 接收用户输入的文件名(要备份的文件名)
oldname=input('请输入要备份的文件名称:')  # python.txt
# 规划备份文件名(python[备份].txt)
# 搜索点号
index=oldname.rfind('.')
# 对 index 进行判断，判断是否合理(index>0)
if index>0:
    # 返回文件名和文件后缀
    name=oldname[:index]
    postfix=oldname[index:]
    newname=name+'[备份]'+postfix
    # 对文件进行备份操作
    old_f=open(oldname,'rb')
    new_f=open(newname,'wb')
    # 读取源文件内容写入新文件
    while True:
```

```
        content=old_f.read(1024)
        if len(content)==0:
            break
        new_f.write(content)
    # 关闭文件
    old_f.close()
    new_f.close()
else:
    print('请输入正确的文件名称,否则无法进行备份操作...')
```

②批量修改文件名,既可添加指定字符串,又能删除指定字符串。

```
# 导入 os 模块
import os
# 定义一个要重命名的目录
path='static'
# 切换到上面指定的目录中
os.chdir(path)
# 定义一个标识,用于确认是添加字符还是删除字符
flag=int(input('请输入您要执行的操作(1-添加字符,2-删除字符):'))
# 对目录中的所有文件进行遍历输出=>os.listdir()
for file in os.listdir():
    # 判断我们要执行的操作(1-添加字符,2-删除字符)
    if flag==1:
        # 01.txt=>python-01.txt
        newname='python-'+file
        #重命名操作
        os.rename(file,newname)
        print('文件批量重命名成功')
    elif flag==2:
        # python-01.txt=>01.txt
        index=len('python-')
        newname=file[index:]
        #重命名操作
        os.rename(file,newname)
        print('文件批量重命名成功')
    else:
        print('输入标识不正确,请重新输入...')
```

③编写一段代码以完成两份文件之间的相互备份。提示用户输入文件名,例如 gailun.

txt;创建已用户输入的名字的文件;打开文件写入如下信息:

功夫,周星驰

一出好戏,黄渤

我不是药神,徐峥

将输入的数据输出到终端上;在文件夹中创建 gailun 副本. txt 文件;将 gailun. txt 文件中的数据写入 gailun 副本. txt 文件中;打开文件,查看文件中内容。

```
# 提示输入文件
oldFileName=input("请输入要创建的文件名:")
# 以写的方式打开文件
oldFile=open(oldFileName,'w',encoding="utf8")
oldFile.write("功夫,周星驰\n 一出好戏,黄渤\n 我不是药神,徐峥")
oldFile.close()
# 打开文件
f=open(oldFileName,'r',encoding="utf8")
# 读取文件内容
context=f.readlines()
print(context)
f.close()
# 提取文件名的后缀
fileFlagNum=oldFileName.rfind('.')
if fileFlagNum>0:
    fileFlag=oldFileName[fileFlagNum:]
# 组织新的文件名字
newFileName=oldFileName[:fileFlagNum]+'复本'+fileFlag
# 创建新的文件副本
newFile=open(newFileName,'w',encoding="utf8")
for lineContent in context:
    print(lineContent)
    newFile.write(lineContent)
newFile.close()
# 打开写入的新文件
f=open(newFileName,"r",encoding="utf8")
# 读取内容
context=f.read()
# 输入到终端
print(context)
# 关闭文件
f.close()
```

④使用 CSV 模块读写 CSV 文件。

```
import csv
input_file='D:\learning\code\python\supplier_data.csv'
output_file='D:\learning\code\python\supplier_data_out.csv'
with open(input_file,'r',newline='') as csv_in_file:
    with open(output_file,'w',newline='') as csv_out_file:
    # 使用 csv.reader()、csv.writer()函数,创建一个读取对象、一个写入对象
    # delimiter 指定 CSV 文件的分隔符,默认为逗号
    filereader=csv.reader(csv_in_file,delimiter=',')
    filewriter=csv.writer(csv_out_file,delimiter=',')
    header=next(filereader)
    filewriter.writerow(header)
    # 循环,每次从 CSV 读取文件中读取一行数据
    # 将其导出,然后写入 CSV 写入对象
    for row_list in filereader:
        print(row_list)
        filewriter.writerow(row_list)
    # 筛选符合条件的行
    for row_list in filereader:
          # print(row_list[1])
          name=str(row_list[0]).strip()
          # print(row_list[3])
          cost=str(row_list[3]).strip('$').replace(',','')
          # print(cost)
          # print(type(cost))
          # 选择 name 为 z 或者 cost 大于 600 的 row
          # 此处使用 float()函数将 cost 由 str 类型转换为 float 类型
          if name=='z' or float(cost)>600.0:
               filewriter.writerow(row_list)
```

⑤合并多个 CSV 文件。

```
import pandas as pd
import os
import glob
input_path='D:\learning\code\python'
output_file='D:\learning\code\python\supplier_data_out.csv'
all_files=glob.glob(os.path.join(input_path,'supplier_data_copy*'))
all_data_frame=[]
```

```
for file in all_files:
    data_frame=pd.read_csv(file,index_col=None)
    all_data_frame.append(data_frame)
# pandas.concat()函数将数据框数据垂直堆叠(axis=0),当水平连接数据时 asis=1
data_frame_concat=pd.concat(all_data_frame,axis=0,ignore_index=True)
data_frame_concat.to_csv(output_file,index=False)
```

⑥分别计算多个 CSV 文件中的某项数据的和、平均值等。

```
import pandas as pd
import os
import glob
input_path='D:\learning\code\python'
output_file='D:\learning\code\python\supplier_data_out.csv'
all_files=glob.glob(os.path.join(input_path,'supplier_data_copy*'))
all_data_frame=[]
for file in all_files:
    data_frame=pd.read_csv(file,index_col=None)
#求和
    total_cost=pd.DataFrame([float(str(value).strip('$').replace(',','')) \
                                for value in data_frame.loc[:,'Cost']]).sum()
# 求平均值
    ave_cost=pd.DataFrame([float(str(value).strip('$').replace(',','')) \
                                for value in data_frame.loc[:,'Cost']]).mean()
    data={'file_name':os.path.basename(file),
          'total_cost':total_cost,
          'average_cost':average_cost}
    all_data_frame.append(pd.DataFrame(data,columns=['file_name',
                                                      'total_cost',
                                                      'average_cost']))
data_frames_concat=pd.concat(all_data_frame,axis=0,ignore_index=True)
data_frames_concat.to_csv(output_file,index=False)
```

项目 9
网络爬虫

【实训目标】

- 了解网络爬虫的简介与运用。
- 了解常用的 HTML 标签。
- 了解在网页中使用 JavaScript 代码的方式。
- 掌握 Python 标准库 Urllib 的用法。
- 掌握 Python 扩展库 Requests 的用法。

【技能基础】

9.1　网络爬虫简介与运用

网络爬虫的发展伴随着信息技术的飞速发展,尤其是 21 世纪以来,信息技术日新月异,不断推陈出新,伟大的哲学家马克思有一句名言,他说事物的发展是螺旋式上升和波浪式前进的,虽然道路是曲折的,但是前途是光明的,新事物的产生必然伴随着旧事物的灭亡。事物的这种否定之否定的过程,从内容上看,是自己发展自己、自己完善自己的过程。但从形式上看,是螺旋式上升或波浪式前进的过程,方向是前进上升的,道路是迂回曲折的,是前进性与曲折性的统一。

唯物辩证法认为,事物发展的前途是光明的,道路是曲折的,旧事物终将被新事物替代。有暂时的停顿甚至倒退,但是事物的曲折性终将为事物的发展开辟道路,所以现在吃的苦都是以后成功的累计。

人不能每一步都正确,我们也不能批评那个时候的自己。有时候要停,有时候也要冲,前面还有好长的路要走,所以一定要冲。你有多努力,你就有多特殊,不断克服前进道路上的各种困难,勇敢地接受挫折与考验,尽管眼下十分艰难,你觉得自己喘不过气来,压力很大,可是一定要坚持下去,日后这段经历说不定就会开花结果,珍惜时间,拼搏人生,把握每一天,不要虚度光阴,每一天的积累最终会达到质变,重视量的积累,把握好时机才能实现质的飞跃,厚积薄发,就像一朵朵浪花,汇聚在一起,不断聚积力量,最后奔腾入海,成就精彩人生!

9.1.1 爬虫简介

网络爬虫(图 9-1),又称为网页蜘蛛,是一种按照一定的规则自动抓取万维网信息的程序。爬虫是一个自动下载网页的程序,它有选择地访问万维网上的网页与相关的链接,获取所需要的信息。

图 9-1 网络爬虫

爬虫有着广泛的应用:

①搜索引擎。谷歌、百度等搜索引擎使用爬虫抓取网站的页面。

②舆情分析与数据挖掘。通过抓取微博排行榜的文章,掌握舆情动向。

③数据聚合。比如企查查,抓取企业官网的详细信息。

④导购、价格比对。通过抓取购物网站的商品页面获取商品价格,为买家提供价格参考。

⑤在微博、抖音、百度上,以爬虫为关键字搜索,可以获得大量需求的信息。

9.1.2 爬虫基本原理

爬虫基本原理:从一个或若干初始网页的 URL 开始,自动下载初始网页上的 HTML 文件,分析 HTML 文件中包含的链接,爬取链接指向的网页,不断重复以上过程,直到达到某个条件时停止。

【例 9-1】 以下为待爬取网页的内容。

```
<html data-n-head-ssr>
  <head >
    <title>python 爬虫</title>
    <meta name="description" content="爬虫模拟">
  </head>
  <body>
    <div>
        <div class="text">
            <a href="/www/Javascriptbase">JavaScript</a>
            <p><span>58 小节</span>
        </div>
        <div class="text">
            <a href="/www/typescriptlession">TypeScript</a>
            <p><span>38 小节</span>
        </div>
        <div class="text">
```

```
            <a href="/www/vuelession">Vue</a>
            <p><span>39 小节</span>
        </div>
    </div>
  </body>
</html>
```

爬虫过程分析：

①爬虫程序选择 https://www.imooc.com/www 作为入口。

②下载网页 https://www.imooc.com/www 的内容。

③分析 HTML 文件中的 a 标签，发现有如下 3 个 a 标签：

<a href="/www/Javascriptbase">JavaScript</a>

<a href="/www/typescriptlession">TypeScript</a>

<a href="/www/vuelession">Vue</a>

④爬虫爬取以上 3 个 a 标签中的链接不断重复以上步骤，可以将网页上的全部 wiki 文章抓取到本地。

9.1.3　基本的爬取技术

在之前的互联网中，由于通信数据量、硬件的局限，整个互联网网络吞吐量低，交互效率不高，在此阶段，网站的内容多数为静态的 HTML 文件，没有任何反爬虫措施。比如，要爬取某个博客站点的全部文章，只用获取网站的首页，然后顺着首页的链接爬到文章页，再把文章的时间、作者、正文等信息保存下来即可。

使用 Python 的 requests 库就可以爬取由静态网页构成的网站：

①使用 requests 库下载指定 URL 的网页。

②使用 XPath、BeautifulSoup 或者 PyQuery 对下载的 HTML 文件进行解析。

③获取 HTML 文件中特定的字段，例如文章的时间、标题等信息，将它们保存。

④获取 HTML 文件中包含的链接，并顺着链接爬取内容。

⑤爬取到数据后，可以使用 MySQL、MongoDB 等来保存数据，实现持久化存储，同时方便以后的查询操作。

9.2　HTML 与 JavaScript 基础

9.2.1　HTML 基础

超文本标记语言（HyperText Markup Language，HTML）是一种用于创建网页的标准标记语言，它包括一系列标签。通过这些标签可以将网络上的文档格式统一，使分散的 Internet 资源连接为一个逻辑整体。

超文本是一种组织信息的方式，它通过超级链接方法将文本中的文字、图表与其他信息媒体相关联。这些相互关联的信息媒体可能在同一文本中,也可能是其他文件,或是地理位置相距遥远的某台计算机上的文件。这种组织信息方式将分布在不同位置的信息资源用随机方式进行连接,为人们查找、检索信息提供方便。具有简易性、可扩展性、平台无关性、通用性等特点,被广泛用于页面构建、网页设计等领域。

构建页面元素,主要框架如下。

```
<! DOCTYPE html> 声明为 HTML5 文档
<html> 元素是 HTML 页面的根元素
<head> 元素包含了文档的元(meta)数据,如 <meta charset="utf-8"> 定义网页编码格式为 utf-8。
<title> 元素描述了文档的标题
<body> 元素包含了可见的页面内容
<h1> 元素定义一个大标题
<p> 元素定义一个段落
```

【例 9-2】 HTML 基本结构展示(图 9-2)。

```
<! DOCTYPE HTML> <! -- HTML5 标准网页声明 -->
<HTML> <! -- HTML 为根标签,代表整个网页 -->
<head> <! -- head 为头部标签,一般用来描述文档的各种属性和信息,包括标题等-->
  <meta charset="UTF-8"> <! -- 设置字符集为 utf-8 -->
  <title>my HTML</title> <! -- 设置浏览器的标题 -->
</head>
<! -- 网页所有的内容都写在 body 标签内 -->
<body>
  我的第一个 HTML 网页
</body>
</HTML>
```

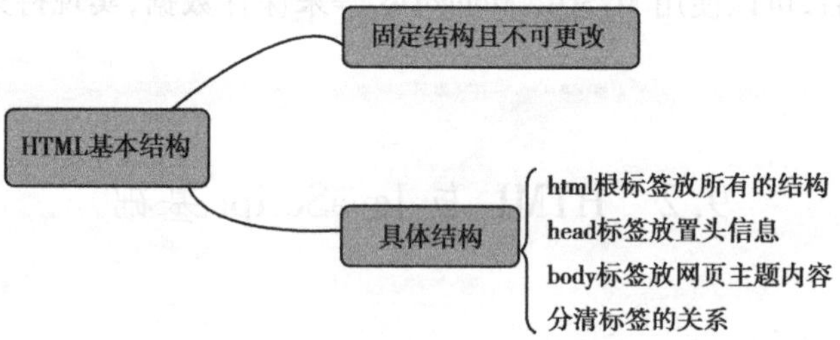

图 9-2　HTML 基本结构

(1)h 标签

标题(Heading)是通过 <h1> - <h6> 标签进行定义的。<h1> 定义最大的标题,<h6> 定义最小的标题。标签用法如下:

```
<h1>一级标题</h1>
<h2>二级标题</h2>
<h3>三级标题</h3>
```

(2)p 标签

段落是通过<p>标签定义的。

```
<p>这是一个段落</p>
```

(3)a 标签

HTML 使用标签<a>来设置超文本链接。超链接可以是一个字,一个词,或者一组词,也可以是一幅图像,我们可以点击这些内容来跳转到新的文档或者当前文档中的某个部分。

```
<a href="http://www.baidu.com">点这里</a>
```

(4)img 标签

图像由<img>标签定义。<img>是空标签,意思是说,它只包含属性,并且没有闭合标签。要在页面上显示图像,则需要使用源属性(src),src 指"source"。源属性的值是图像的 URL 地址。

```
    <img src="Python 可以这样学.jpg" width="200" height="300" />
    <img src="http://www.tup.tsinghua.edu.cn/upload/bigbookimg/072406-01.jpg"
width="200" height="300" />
```

(5)table、tr、td 标签

表格(图 9-3)由<table>标签来定义。每个表格均有若干行(由<tr>标签定义),每行被分割为若干单元格(由<td>标签定义)。字母 td 指表格数据(table data),即数据单元格的内容。数据单元格可以包含文本、图片、列表、段落、表单、水平线、表格等。

第一行第一列	第一行第二列
第二行第一列	第二行第二列

图 9-3　表格

```
<table border="1">
    <tr>
        <td>第一行第一列</td>
        <td>第一行第二列</td>
    </tr>
    <tr>
        <td>第二行第一列</td>
        <td>第二行第二列</td>
    </tr>
</table>
```

(6) ul、ol、li

HTML 支持有序、无序和定义列表(图 9-4)。

图 9-4　列表

无序列表是一个项目的列表,此列项目使用粗体圆点(典型的小黑圆圈)进行标记。无序列表使用<ul>标签。有序列表也是一列项目,列表项目使用数字进行标记。有序列表始于<ol>标签。每个列表项始于<li>标签。列表项使用数字来标记。

```
<ul id="colors" name="myColor">
    <li>红色</li>
    <li>绿色</li>
    <li>蓝色</li>
</ul>
```

(7) div 标签

div 元素(图 9-5)是用于分组 HTML 元素的块级元素。

图 9-5　div

图 9-5 布局代码如下:

```
<! DOCTYPE html>
<html>
<head>
<meta charset="utf-8">
<title>div 布局</title>
</head>
<body>
```

```
<div id="container" style="width:500px">
<div id="header" style="background-color:#FFA500;">
<h1 style="margin-bottom:0;">主要的网页标题</h1></div>
<div id="menu" style="background-color:#FFD700;height:200px;width:100px;float:
left;">
<b>菜单</b><br>
HTML<br>
CSS<br>
JavaScript</div>
<div id="content" style="background-color:#EEEEEE;height:200px;width:400px;float:
left;">
内容在这里</div>
<div id="footer" style="background-color:#FFA500;clear:both;text-align:center;">
</div>
</div>
</body>
</html>
```

9.2.2　JavaScript 基础

JavaScript(JS)是一种具有函数优先的轻量级,解释型或即时编译型的编程语言。(MDN)JavaScript 是一种编程语言,主要参与构建 Web 前端应用。

JavaScript 内嵌于 HTML 网页中,通过浏览器内置的 JavaScript 引擎进行解释执行,把一个原本只用来显示的页面转变成支持用户交互的页面程序。

浏览器是访问互联网中各种网站所必备的工具,JavaScript 主要就是运行在浏览器中的。

大家通过 JavaScript 的名称,容易产生与 Java 语言类似的感觉,实质上两个语言没有太大的关系,仅仅只为了让它们像,才让 JavaScript 的名字中有了 Java,让其内部的一些设计机制像 Java。

网页开发的 3 种基本语言为 HTML、CSS、JavaScript,如果将 HTML 比作骨架,CSS 比作皮肤,那 JavaScript 就是可以让骨架动起来,改变皮肤性状的存在。

现代的前端应用离不开 JavaScript,随着浏览器的性能越来越好,产品交互越来越复杂,JavaScript 的地位也越来越高。利用 JavaScript 可以完成服务端应用开发、桌面应用开发、移动端应用开发等。除此之外,表单验证、动画效果甚至 3D 应用,均可以由 JavaScript 来完成。

(1)代码书写位置

行内式是将单行或少量的 JavaScript 代码写在 HTML 标签的事件属性中,可以在 HTML 标签的事件属性中直接添加 JavaScript 代码。下面通过具体操作步骤进行演示。

创建 demo9-1,具体代码如下:

```
<html>
    <body>
        <form>
            <input type="button" value="保存" onClick="alert('保存成功');">
        </form>
    </body>
</html>
```

将上述代码在 builder 中运行，在浏览器中打开，单击“保存”按钮，网页会弹出提示框“保存成功”。

上述方式适用于代码量较少、易于修改的情况，可是行内式可读性较差，尤其是在 HTML 中编写大量的 JavaScript 代码时，不易阅读。

内嵌式（嵌入式）是使用<script>标签包裹 JavaScript 代码，<script>标签可以写在<head>或<body>标签中。下面通过具体操作步骤进行演示。

创建 demo9-2，编写内嵌式 JavaScript 代码，示例代码如下：

```
<html>
    <body>
        <div id="test">静态内容</div>
    </body>
    <script type="text/javascript">
      alert("内嵌式");
    </script>
</html>
```

运行上述代码，通过浏览器访问，页面打开后，就会自动弹出一个警告框，提示信息为“内嵌式”。

外部式（外链式）是将 JavaScript 代码写在一个单独的文件中，一般使用“js”作为文件的扩展名，在 HTML 页面中使用<script>标签进行引入，适合 JavaScript 代码量比较多的情况。注意外部式的<script>标签内不可以编写 JavaScript 代码。

如果一个网站中会用到大量的 JavaScript 代码，一般会把这些代码按功能划分到不同函数中，并把这些函数封装到一个扩展名为 js 的文件中，然后在网页中使用。下面通过具体操作步骤进行演示。

和网页在同一个文件夹下创建 myfunctions. js，具体代码如下：

```
function modify(){
    document.getElementById("test").innerHTML="动态内容";
}
```

创建 demo9-3 页面，把外部文件 myfunctions. js 导入，然后调用其中的函数：

```
<html>
<head>
    <script type="text/javascript" src="myfunctions.js"></script>
</head>
    <body>
        <div id="test">静态内容</div>
    </body>
    <script type="text/javascript">modify();</script>
</html>
```

运行上述代码，通过浏览器访问，页面打开后，div 的文本内容会由“静态内容”变为“动态内容”。

(2)注释

JavaScript 代码的注释方式，以及在和 HbuilderX 编辑器中对应的快捷键如下：

①单行注释：以“//”开始，到该行结束或<script>标签结束之前的内容都是注释。快捷键：Ctrl+/。

②多行注释：以“/ * ”开始，以“ * /”结束。需要注意的是，多行注释中可以嵌套单行注释，但不能再嵌套多行注释。快捷键：Shift+Alt+a。

(3)输入和输出语句

JavaScript 代码中提供了输入和输出语句，可以在网页中实现用户交互效果。下面通过具体操作步骤进行演示。

创建 demo9-4，具体代码如下：

```
<script>
    alert("这是一个警告框");
    console.log("这是一个警告框");
    prompt("这是一个输入框");
</script>
alert(msg):浏览器弹出警告框
```

图 9-6　警告框

```
console.log(msg):浏览器控制台输出信息
prompt(msg):浏览器弹出输入框,用户可以输入内容
```

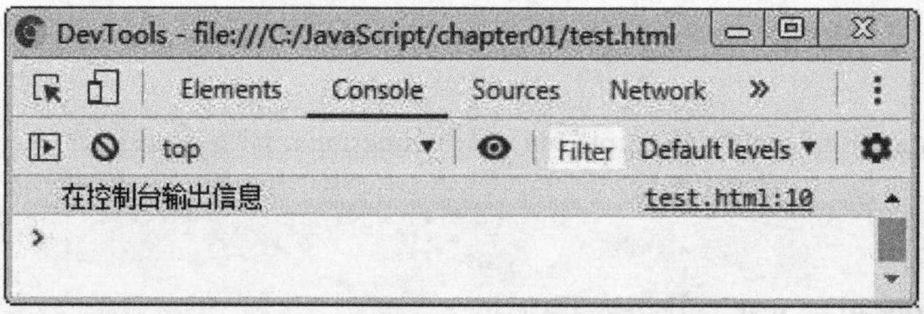

图 9-7　控制台输出

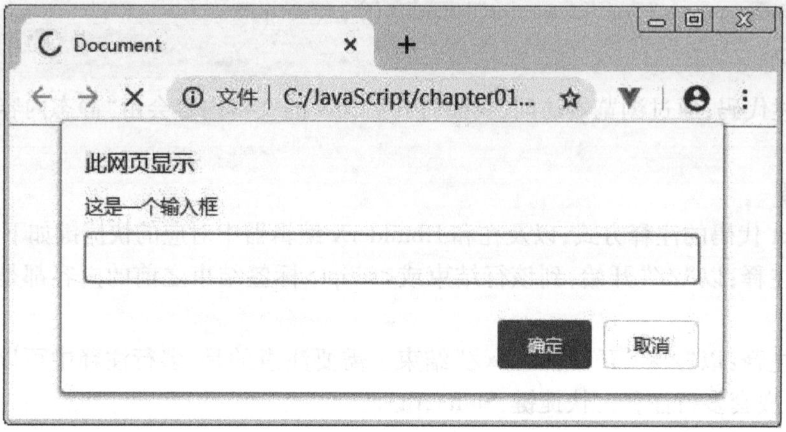

图 9-8　输入框

(4)常用 JavaScript 事件

HTML 事件是发生在 HTML 元素上的事情。当在 HTML 页面中使用 JavaScript 时，JavaScript 可以触发这些事件。通常，当事件发生时，可以实现想完成的各个功能。

在事件触发时 JavaScript 可以执行一些代码，表 9-1 为 JavaScript 常用的事件及事件描述。

表 9-1　JavaScript 事件表

事件	描述
onchange	HTML 元素改变
onclick	用户点击 HTML 元素
onmouseover	鼠标指针移动到指定的元素上时发生
onmouseout	用户从一个 HTML 元素上移开鼠标时发生
onkeydown	用户按下键盘按键
onload	浏览器已完成页面的加载

下面通过具体操作步骤进行演示：

①创建 demo9-5，首先定义一个函数 showHello，被调用的时候，弹出一个对话框“Hello JavaScript”。

②准备一个 button 元素，在 button 元素上增加一个属性。

③property 是 onclick,表示单击的时候触发。

④value 是 showHello( ),调用 showHello( )函数。

具体代码如下:

```
<script>
function showHello(){
    alert("Hello JavaScript");
}
</script>
<button onclick="showHello()">单击一下</button>
```

运行上述代码,单击 button 按钮时,会弹出对话框"helloJavaScript"(图 9-9)。

图 9-9　弹出框

除了常用的事件之外,还有一些特殊的方式可以执行 JavaScript 代码。例如,下面的代码演示了在链接标签<a>中使用 href 属性指定 JavaScript 代码的用法。

```
<html>
    <script type="text/javascript">
        function test(){alert('提示信息');}
    </script>
    <body>
        <a href="javascript:test();">点这里</a>
    </body>
</html>
```

运行上述代码,单击 button 按钮时,会弹出对话框"提示信息"(图 9-10)。

图 9-10　提示信息

9.3　DOM 与 JavaScript

9.3.1　DOM 简介

DOM 指文档对象模型，是 W3C 组织推荐的处理可扩展标记语言（HTML 或者 XML）的标准编程接口。

W3C 定义了一系列的 DOM 接口，利用 DOM 可完成对 HTML 文档内所有元素的获取、访问、标签属性和样式的设置等操作。在实际开发中，诸如改变盒子的大小、标签栏的切换、购物车功能等带有交互效果的页面，都离不开 DOM。

DOM 标准定义了如何去增加、删除、查询、修改 HTML 的元素。实际上 HTML 只是一个带有格式的文本，经过浏览器解析后，会变成一棵树（因为 HTML 也是树形的），通常称为 DOM 树，根节点叫文档节点（document），树上的每个节点就叫 DOM 节点，HTML 文档结构（DOM 树）如图 9-11 所示。

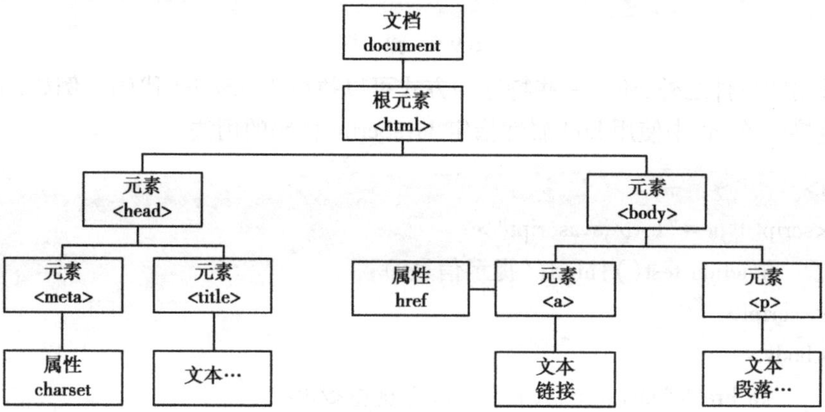

图 9-11　HTML 文档结构图

DOM 中各节点的专有名词解释如下：

- 文档（document）：可以把一个页面当成一个文档。
- 元素（element）：页面中的所有标签都是元素。
- 节点（node）：网页中的所有内容，在文档树中都是节点（如元素节点、属性节点、文本节点、注释节点等），在 DOM 中会把所有的节点都看作对象，这些对象拥有自己的属性和方法。

9.3.2　获取和操作 DOM 节点

获取 DOM 节点的方式有很多，这里列举几个常用的（表 9.2），所有的 DOM 元素都具有以下方法。

表9-2　DOM操作

语法	解释
element. getElementById	返回对拥有指定id的第一个对象的引用
element. getElementByName	返回带有指定名称的对象集合
element. getElementsByTagName	返回带有指定标签名的对象集合
element. getElementsByClassName	返回一个包含了所有指定类名的子元素的类数组对象
element. querySelector	文档对象模型Document引用的querySelector()方法返回文档中与指定选择器或选择器组匹配的第一个html元素Element。如果找不到匹配项,则返回null
element. querySelectorAll	返回与指定的选择器组匹配的文档中的元素列表(使用深度优先的先序遍历文档的节点)。返回的对象是NodeList

(1) element. getElementById

element. getElementById是指去element节点下根据id查找子节点。通常在程序开始前,没有主动去获取过节点,这个时候会使用根节点document来进行查找。以下根据具体操作步骤进行演示。

创建demo9-6,编写JavaScript代码,具体代码如下所示:

```
<div id="html-element">
    我是一个元素
</div>
<script>
    var element = document. getElementById('html-element');
    element. innerHTML = '<a href="//baidu. com">我变成了超链接</a>';
</script>
```

以上例子通过document. getElementById获取id为html-element的DOM节点,并通过修改innerHTML属性,将这个节点的内容进行了修改(图9-12)。

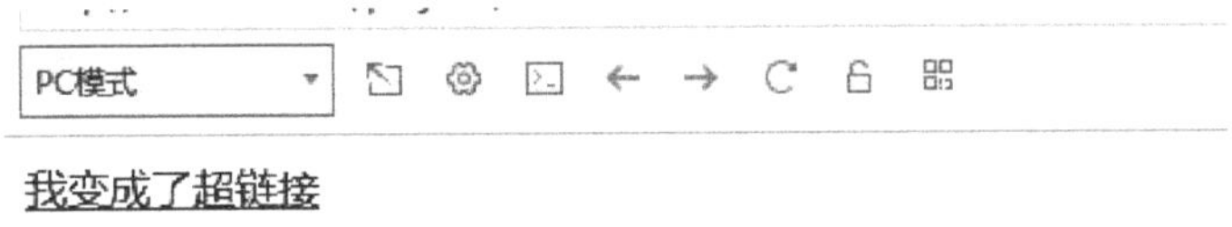

图9-12　超链接

(2) element. getElementsByClassName

element. getElementsByClassName通过元素的类名来获取DOM节点。以下根据具体操作步骤进行演示。

创建 demo9-7，编写 JavaScript 代码，具体代码如下所示：

```
<div>
    <div class="odd">1</div>
    <div class="even">2</div>
    <div class="odd">3</div>
    <div class="even">4</div>
    <div class="odd">5</div>
    <div class="even">6</div>
</div>
<div id="result"></div>
<script>
    var odd = document.getElementsByClassName('odd');
    var res = [];
    var i,len;
    for (i = 0,len = odd.length; i < len; i++) {
        res.push(odd[i].innerText);
    }
    var resultElement = document.getElementById('result');
    resultElement.innerHTML = '所有奇数:<br>' + res.join('<br>');
</script>
```

以上例子通过 document. getElementsByClassName 获取 class 为 odd 的 DOM 节点，并找出所有奇数项（图 9-13）。

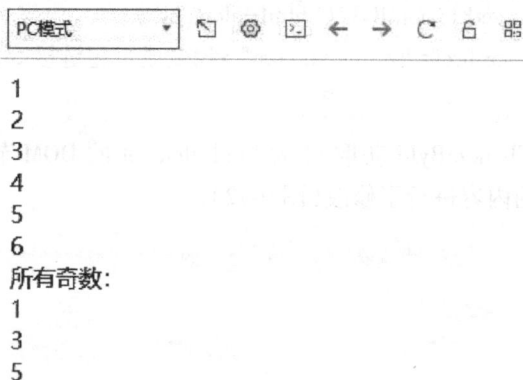

图 9-13　寻找奇数项

9.3.3　DOM 事件

DOM 事件是指给 DOM 节点设置在触发某个条件下要做的事情，如当按钮被单击的时候改变背景色。以下通过具体操作步骤进行演示。

创建 demo9-8，具体代码如下所示。

```
<style>
  .change-bg{
    border:1px solid black;
    height:40px;
    width:120px;
    border-radius:2px;
    margin-top:16px;
    outline:none;
    cursor:pointer;
  }
  .change-bg:active {
    background:#efefef;
  }
  .box {
    width:120px;
    height:120px;
    background:#4caf50;
    border-radius:60px;
  }
</style>
<div class="box"></div>
<button class="change-bg">戳这里改变背景色</button>
<script>
  var boxEle = document.querySelector('.box');
  var btnEle = document.querySelector('.change-bg');
  // 随机生成一个颜色 具体实现可以不管
  function getColor() {
    return '#' + ('00000' + (Math.random() * 0x1000000 << 0).toString(16)).
slice(-6);
  }
  btnEle.onclick = function() {
    boxEle.style.backgroundColor = getColor();
  };
</script>
```

运行结果如图 9-14 所示。

图 9-14　改变背景色

上述例子中按钮的 onclick 属性,是指当被赋值一个函数时,这个函数就会在按钮被单击的时候触发。onclick 属性是一种事件处理器属性,表示单击或单击事件,当想指定按钮在被单击的时候要做的事情时,就可以给这个属性赋值。赋值的函数通常被称为事件处理器,即事件被触发时执行的代码块,部分文献中会称为事件处理程序。通常给 DOM 节点设置事件的操作,会被称为绑定事件,上述例子就是给一个按钮绑定了单击事件。

9.4　网络爬虫

对于初学者,网络爬虫掌握难度较大,需要之前的理论学习知识作为支撑,部分同学可能会因此产生厌倦,放弃的思想,但是坚持下来也未尝不是一种成长,但是这也是一次挑战,平静的湖面翻滚不出绚丽的浪花,每个人都是漂浮在大海上的一叶扁舟,手上的船桨决定着你的人生。一日之计在于晨,一年之计在于春,我们现在所过的每一天都是余生最年轻的一天,把握时间,花有重开日,人无再少年,在最富有朝气的年纪里拼搏奋斗,假使你被巨浪所惊骇,迟迟不敢迈出脚步,那么你将被大浪卷进无边的深渊,即使你无所畏惧,乘风破浪激流勇进,那么在不久的将来,你会看到彼岸光彩。经得住低谷,也耐得住顶峰,阳光总在风雨后。也许你正在风雨中,体味着拼搏的辛苦;也许你正在彩虹下,享受着拼搏后的喜悦。但你更需要拼搏,因为生命的价值在于拼搏,青春因拼搏而精彩!

网络爬虫(Web Spider)又称网络蜘蛛或网络机器人(图 9-15),是一段用来实现自动采集网站数据的程序。

网络爬虫不仅能够为搜索引擎采集网络信息,而且还可以作为定向信息采集器,定向采集某些网站中的特定信息。

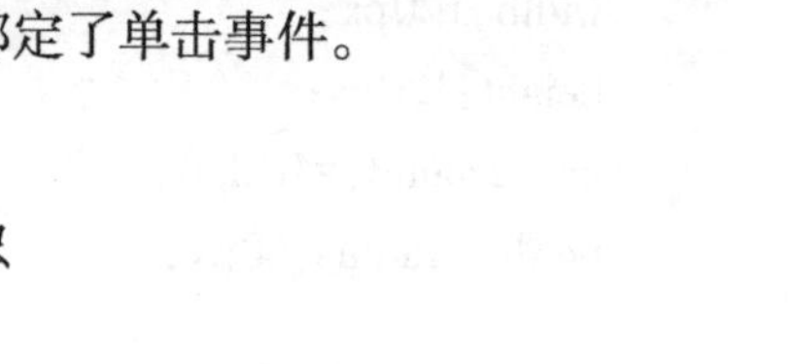

图 9-15　Python 爬虫

对于定向信息的爬取,网络爬虫主要采取数据抓取、数据解析、数据入库的操作流程。

爬虫其实是一种自动化信息采集程序或脚本,可以方便地帮助大家获得自己想要的特定信息。比如说,像百度、谷歌等搜索引擎,他们的背后重要的技术支撑就是爬虫。当我们使用搜索引擎搜索某一信息的时候,展现在我们眼前的搜索结果,就是爬虫程序事先从万维网里爬取下来的。我们之所以称为爬虫，只不过是对自动获取万维网的动作的形象比喻而已。

爬虫大致的工作流程如图9-16所示，首先获取数据，然后对数据进行清洗和处理，最后对数据进行持久化存储，以及后面的数据可视化工作。

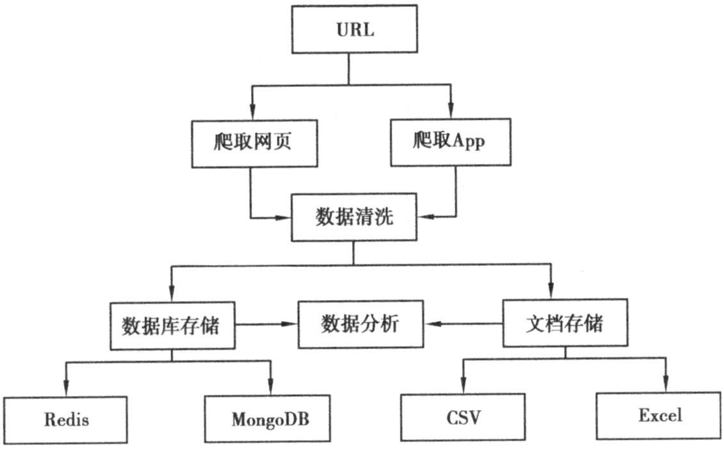

图9-16　爬虫工作流程

9.4.1　URL概念

抓取网页的过程其实和读者平时使用IE浏览器浏览网页的道理是一样的。比如在浏览器的地址栏中输入www.baidu.com这个地址。打开网页的过程其实就是浏览器作为一个浏览的“客户端”，向服务器端发送了一次请求，把服务器端的文件“抓”到本地，再进行解释、展现。HTML是一种标记语言，用标签标记内容并加以解析和区分。浏览器的功能是将获取到的HTML代码进行解析，然后将原始的代码转变成我们直接看到的网站页面。

在理解URL之前，首先要理解URI的概念。

Web上每种可用的资源，如HTML文档、图像、视频片段、程序等都由一个通用资源标志符(Universal Resource Identifier，URI)进行定位。URI通常由3部分组成：

①访问资源的命名机制。

②存放资源的主机名。

③资源自身的名称，由路径表示。如URI：我们可以这样解释它。

a. 这是一个可以通过HTTP协议访问的资源。

b. 位于主机www.baidu.com.cn上。

c. 通过路径“/html/html40”访问。

URL是URI的一个子集。它是Uniform Resource Locator的缩写，译为“统一资源定位符”。通俗地说，URL是Internet上描述信息资源的字符串，主要用在各种WWW客户程序和服务器程序上。采用URL可以用一种统一的格式来描述各种信息资源，包括文件、服务器的地址和目录等。

9.4.2　爬虫分类

(1)通用网络爬虫(General Purpose Web Crawler)

爬取目标资源在全互联网中，爬取目标数据巨大。对爬取性能要求非常高。应用于大型搜索引擎中，有非常高的应用价值。

通用网络爬虫的基本构成为初始 URL 集合,URL 队列,页面爬行模块,页面分析模块,页面数据库,链接过滤模块等。

通用网络爬虫的爬行策略主要有深度优先爬行策略和广度优先爬行策略。

(2)聚焦网络爬虫(Focused Crawler)

将爬取目标定位在与主题相关的页面中,主要应用在对特定信息的爬取中,主要为某一类特定的人群提供服务。聚焦网络爬虫的基本构成为初始 URL,URL 队列,页面爬行模块,页面分析模块,页面数据库,连接过滤模块,内容评价模块,链接评价模块等,爬行策略主要分为聚焦网络爬虫的爬行策略、基于内容评价的爬行策略、基于链接评价的爬行策略、基于增强学习的爬行策略、基于语境图的爬行策略、关于聚焦网络爬虫具体的爬行策略。

(3)增量式网络爬虫(Incremental Web Crawler)

增量式更新指的是在更新的时候只更新改变的地方,而未改变的地方则不更新,只爬取内容发生变化的网页或者新产生的网页,一定程度上能保证所爬取的网页尽可能是新网页。

(4)深层网络爬虫(Deep Web Crawler)

- 表层网页:不需要提交表单,使用静态的链接就能够到达的静态网页。
- 深层网页:隐藏在表单后面,不能通过静态链接直接获得,是需要提交一定的关键词之后才能够获取得到的网页。

深层网络爬虫的基本构成为 URL 列表,LVS 列表(LVS 指的是标签/数值集合,即填充表单的数据源)爬行控制器,解析器,LVS 控制器,表单分析器,表单处理器,响应分析器等。其最重要的部分即为表单填写部分,有两种类型:

①基于领域知识的表单填写。建立一个填写表单的关键词库,在需要的时候,根据语义分析选择对应的关键词进行填写。

②基于网页结构分析的表单填写。一般是领域只是有限的情况下使用,这种方式会根据网页结构进行分析,并自动地进行表单填写。

9.4.3　抓取原理

爬虫爬取的数据其实就是网页上面的内容,我们需要通过特定的工具对网页进行分析,比如说 Beautiful Soup。然后提取出 HTML 中的特定标签下的数据。然后,将数据进行持久化保存,方便日后的数据分析。简单点讲,我们使用爬虫,最根本的目的是爬取网页中对我们有价值的信息和数据。所以,我们大部分爬取的工作,都是在筛选我们有用的信息,并剔除掉无用的信息。这就是爬虫核心所在。

实训项目拓展

本实训项目使用 Python 爬虫抓取某电影网 TOP100 排行榜影片信息,包括电影名称、上映时间、主演信息。

在开始编写程序之前,首先要确定页面类型(静态页面或动态页面),其次找出页面的 URL 规律,最后通过分析网页元素结构来确定正则表达式,从而提取网页信息。

(1)确定页面类型

右击查看页面源码,确定要抓取的数据是否存在于页面内。通过浏览得知要抓取的信息全部存在于源码内,因此该页面输属于静态页面。如下所示:

```
<div class="movie-item-info">
<p class="name"><a href="/films/1200486" title="我不是药神" data-act=
"boarditem-click" data-val="{movieId:1200486}">我不是药神</a></p>
  <p class="star">
      主演:徐峥,周一围,王传君
  </p>
<p class="releasetime">上映时间:2018-07-05</p>      </div>
```

(2)确定 URL 规律

想要确定 URL 规律,需要多浏览几个页面,然后才可以总结出 URL 规律,如下所示:

```
第一页:https://maoyan.com/board/4? offset=0
第二页:https://maoyan.com/board/4? offset=10
第三页:https://maoyan.com/board/4? offset=20
…
第 n 页:https://maoyan.com/board/4? offset=(n-1) * 10
```

(3)确定正则表达式

通过分析网页元素结构来确定正则表达式,如下所示:

```
<div class="movie-item-info">
<p class="name"><a href="/films/1200486" title="我不是药神" data-act=
"boarditem-click" data-val="{movieId:1200486}">我不是药神</a></p>
        <p class="star">
            主演:徐峥,周一围,王传君
        </p>
<p class="releasetime">上映时间:2018-07-05</p></div>
```

使用 Chrome 开发者调试工具来精准定位要抓取信息的元素结构。之所以这样做,是因为这能避免正则表达式的冗余,提高编写正则表达式的速度。正则表达式如下所示:

```
<div class="movie-item-info">.*? title="(.*?)".*? class="star">(.*?)
</p>.*? releasetime">(.*?)
</p>
```

编写正则表达式时将需要提取的信息使用(.*?)代替,而不需要的内容(包括元素标签)使用.*? 代替。

(4)编写爬虫程序

下面使用面向对象的方法编写爬虫程序,主要编写4个函数,分别是请求函数、解析函数、保存数据函数和主函数。

```
from urllib import request
import re
import time
import random
import csv
from ua_info import ua_list
    # 定义一个爬虫类
class MaoyanSpider(object):
    # 初始化
    # 定义初始页面 url
    def __init__(self):
        self.url='https://maoyan.com/board/4?offset={}'
     # 请求函数
    def get_html(self,url):
        headers={'User-Agent':random.choice(ua_list)}
        req=request.Request(url=url,headers=headers)
        res=request.urlopen(req)
        html=res.read().decode()
        # 直接调用解析函数
        self.parse_html(html)
        # 解析函数
    def parse_html(self,html):
        # 正则表达式
        re_bds='<div class="movie-item-info">.*?title="(.*?)".*?<p class
="star">(.*?)</p>.*?class="releasetime">(.*?)</p>'
        # 生成正则表达式对象
        pattern=re.compile(re_bds,re.S)
        # r_list:[('我不是药神','徐峥,周一围,王传君','2018-07-05'),...] 列表
元组
        r_list=pattern.findall(html)
        self.save_html(r_list)
    # 保存数据函数,使用 python 内置 csv 模块
    def save_html(self,r_list):
        # 生成文件对象
        with open('maoyan.csv','a',newline='',encoding="utf-8") as f:
            #生成 csv 操作对象
        writer=csv.writer(f)
            #整理数据
        for r in r_list:
```

```
                name=r[0].strip()
                star=r[1].strip()[3:]
                # 上映时间:2018-07-05
                    # 切片截取时间
                time=r[2].strip()[5:15]
                L=[name,star,time]
                    # 写入 csv 文件
                writer.writerow(L)
                print(name,time,star)
    # 主函数
    def run(self):
        #抓取第一页数据
        for offset in range(0,11,10):
            url=self.url.format(offset)
            self.get_html(url)
            # 生成 1-2 之间的浮点数
            time.sleep(random.uniform(1,2))
    # 以脚本方式启动
if __name__ == '__main__':
    # 捕捉异常错误
    try:
        spider=MaoyanSpider()
        spider.run()
    except Exception as e:
        print("错误:",e)
```

输出结果：

```
我不是药神 2018-07-05 徐峥,周一围,王传君
肖申克的救赎 1994-09-10 蒂姆·罗宾斯,摩根·弗里曼,鲍勃·冈顿
绿皮书 2019-03-01 维果·莫腾森,马赫沙拉·阿里,琳达·卡德里尼
海上钢琴师 2019-11-15 蒂姆·罗斯,比尔·努恩,克兰伦斯·威廉姆斯三世
小偷家族 2018-08-03 中川雅也,安藤樱,松冈茉优
霸王别姬 1993-07-26 张国荣,张丰毅,巩俐
哪吒之魔童降世 2019-07-26 吕艳婷,囧森瑟夫,瀚墨
美丽人生 2020-01-03 罗伯托·贝尼尼,朱斯蒂诺·杜拉诺,赛尔乔·比尼·布斯特
里克
这个杀手不太冷 1994-09-14 让·雷诺,加里·奥德曼,娜塔莉·波特曼
盗梦空间 2010-09-01 莱昂纳多·迪卡普里奥,渡边谦,约瑟夫·高登-莱维特
```

项目 10 数据可视化

【实训目标】

利用 Python 的绘图库 Matplotlib 绘制线图、散点图、等高线图、条形图、柱状图、3D 图形等。

【技能基础】

10.1 Matplotlib 库的概念

Matplotlib 是 Python 的绘图库,它能让使用者很轻松地将数据图形化,并且提供多样化的输出格式。Matplotlib 可以用来绘制各种静态、动态、交互式的图表。Matplotlib 是一个非常强大的 Python 画图工具,我们可以使用该工具将很多数据通过图表的形式更直观地呈现出来。

Matplotlib 通常与 NumPy 和 SciPy(Scientific Python)一起使用,这种组合广泛用于替代 MatLab,是一个强大的科学计算环境,有助于我们通过 Python 学习数据科学或者机器学习。SciPy 是一个开源的 Python 算法库和数学工具包。SciPy 包含的模块有最优化、线性代数、积分、插值、特殊函数、快速傅里叶变换、信号处理和图像处理、常微分方程求解和其他科学与工程中常用的计算。

10.2 Matplotlib 库基本使用

10.2.1 Matplotlib Pyplot

Pyplot 是 Matplotlib 的子库,提供了和 MATLAB 类似的绘图 API。Pyplot 是常用的绘图模块,便于让用户绘制 2D 图表。Pyplot 包含一系列绘图函数的相关函数,每个函数会对当前的图像进行一些修改,例如:给图像加上标记,生成新的图像,在图像中产生新的绘图区域等。

使用的时候,可以使用 import 导入 Pyplot 库,并设置一个别名 plt:

```
import matplotlib.pyplot as plt
```

这样就可以使用 plt 来引用 Pyplot 包。例如,通过两个坐标(0,0)、(6,100)来绘制一条线。

参考程序:

```
import matplotlib.pyplot as plt
import numpy as np
xpoints=np.array([0,6])
ypoints=np.array([0,100])
plt.plot(xpoints,ypoints)
plt.show()
```

运行结果如图 10-1 所示。

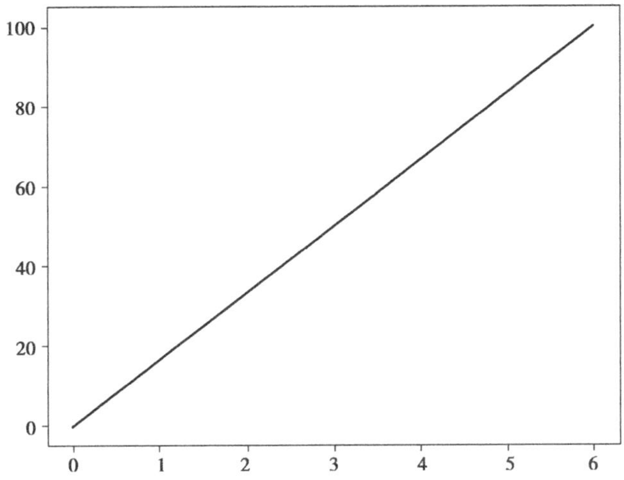

图 10-1　利用 plot()函数绘图

以上实例中我们使用了 Pyplot 的 plot()函数,plot()函数是绘制二维图形的最基本函数,它可以绘制点和线,语法格式如下:

```
# 画单条线
plot([x],y,[fmt],*,data=None,**kwargs)
# 画多条线
plot([x],y,[fmt],[x2],y2,[fmt2],…,**kwargs)
```

参数说明:

- x,y:点或线的节点,x 为 x 轴数据,y 为 y 轴数据,数据可以是列表或数组。
- fmt:可选,定义基本格式(如颜色、标记和线条样式)。
- **kwargs:可选,用在二维平面图上,设置指定属性,如标签、线的宽度等。

```
plot(x,y)  # 创建 y 中数据与 x 中对应值的二维线图,使用默认样式
plot(x,y,'bo')# 创建 y 中数据与 x 中对应值的二维线图,使用蓝色实心圈绘制
plot(y)  # x 的值为 0...N-1
plot(y,'r+')  # 使用红色+号
```

- 颜色字符:'b' 蓝色,'m' 洋红色,'g' 绿色,'y' 黄色,'r' 红色,'k' 黑色,'w' 白色,'c' 青绿色,'#008000' RGB 颜色符串。多条曲线不指定颜色时,会自动选择不同颜色。
- 线型参数:'-' 实线,'--' 破折线,'-.' 点划线,':' 虚线。
- 标记字符:'.' 点标记,',' 像素标记(极小点),'o' 实心圈标记,'v' 倒三角标记,'^' 上三角标记,'>' 右三角标记,'<' 左三角标记,等等。

如果要绘制坐标(1,3)到(8,10)的线,就需要传递两个数组[1,8]和[3,10]给 plot 函数。

参考程序:

```
import matplotlib.pyplot as plt
import numpy as np
xpoints=np.array([1,8])
ypoints=np.array([3,10])
plt.plot(xpoints,ypoints)
plt.show()
```

运行结果如图 10-2 所示。

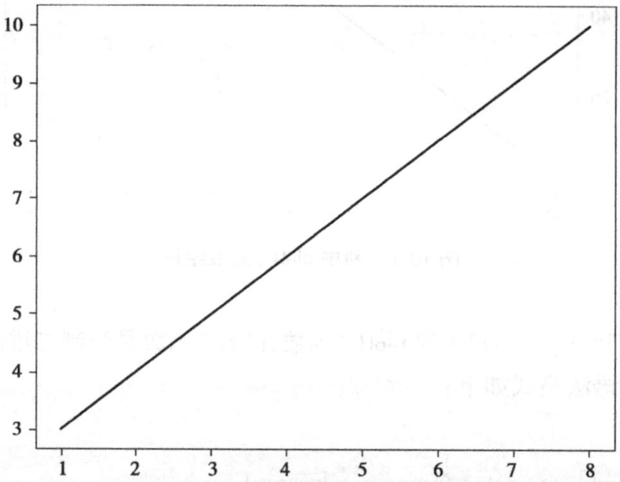

图 10-2 坐标点绘制线

如果只想绘制两个坐标点,而不是一条线,可以使用 o 参数,表示一个实心圈的标记。

参考程序:

```
import matplotlib.pyplot as plt
import numpy as np
xpoints=np.array([1,8])
ypoints=np.array([3,10])
```

```
plt.plot(xpoints,ypoints,'o')
plt.show()
```

运行结果如图 10-3 所示。

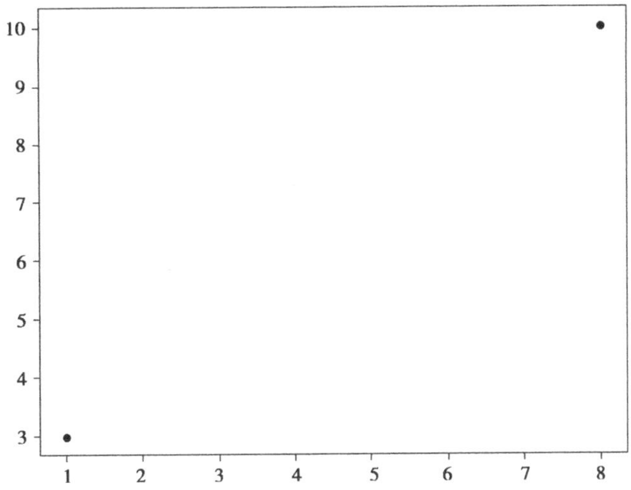

图 10-3　显示坐标点

也可以绘制任意数量的点，只需确保两个轴上的点数相同即可。绘制一条不规则线，坐标为(1,3)、(2,8)、(6,1)、(8,10)，对应的两个数组为[1,2,6,8]与[3,8,1,10]。

参考程序：

```
import matplotlib.pyplot as plt
import numpy as np
xpoints=np.array([1,2,6,8])
ypoints=np.array([3,8,1,10])
plt.plot(xpoints,ypoints)
plt.show()
```

运行结果如图 10-4 所示。

如果我们不指定 x 轴上的点，则 x 会根据 y 的值来设置为 0,1,2,3,…,N-1。

参考程序：

```
import matplotlib.pyplot as plt
import numpy as np
ypoints=np.array([3,10])
plt.plot(ypoints)
plt.show()
```

运行结果如图 10-5 所示。

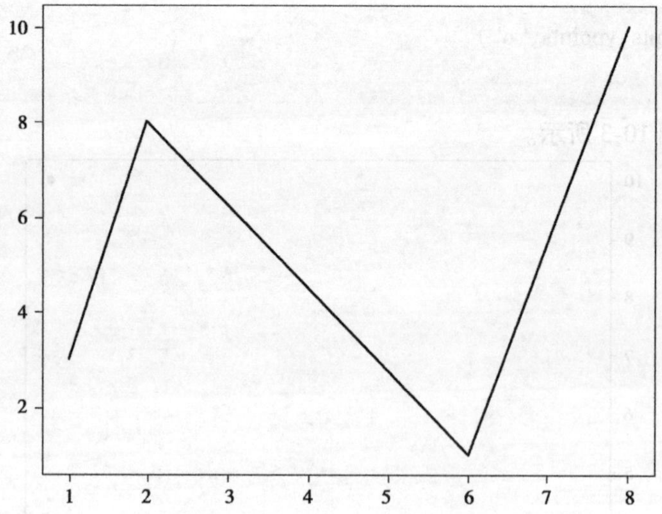

图 10-4　多个坐标点绘制折线图

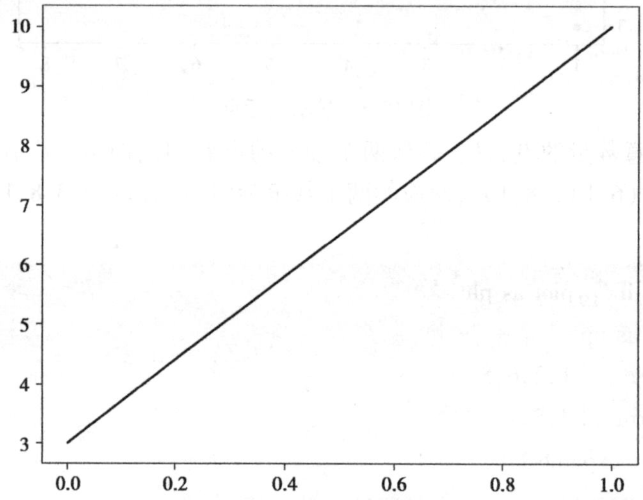

图 10-5　根据 y 的值绘图

绘制一个正弦和余弦图,在 plt. plot( )参数中包含两对 x,y 值,第一对是 x,y,这对应于正弦函数,第二对是 x,z,这对应于余弦函数。

参考程序:

```
import matplotlib. pyplot as plt
import numpy as np
x=np. arrange(0,4 * np. pi,0. 1)
y=np. sin(x)
z=np. cos(x)
plt. plot(x,y,x,z)
plt. show()
```

运行结果如图 10-6 所示。

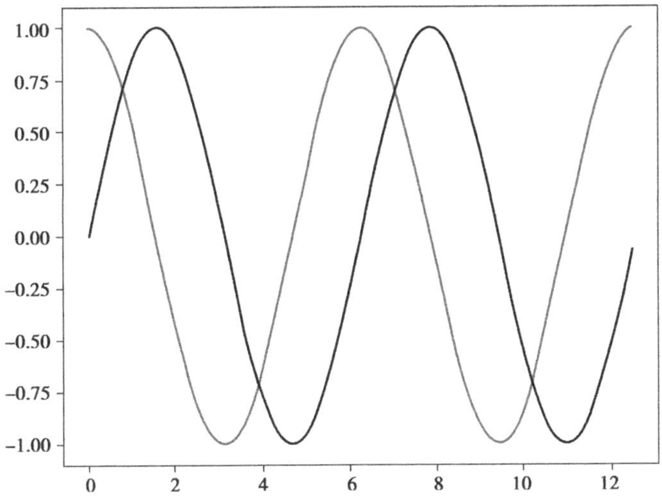

图 10-6 正弦和余弦图

10.2.2 Matplotlib 绘图标记

绘图过程如果想要给坐标自定义一些不一样的标记,就可以使用 plot( )方法的 marker 参数来定义。

以下代码定义了实心圆标记。

```
import matplotlib. pyplot as plt
import numpy as np
ypoints=np. array([1,3,4,5,8,9,6,1,3,4,5,2,4])
plt. plot(ypoints,marker=' o' )
plt. show( )
```

运行结果如图 10-7 所示。

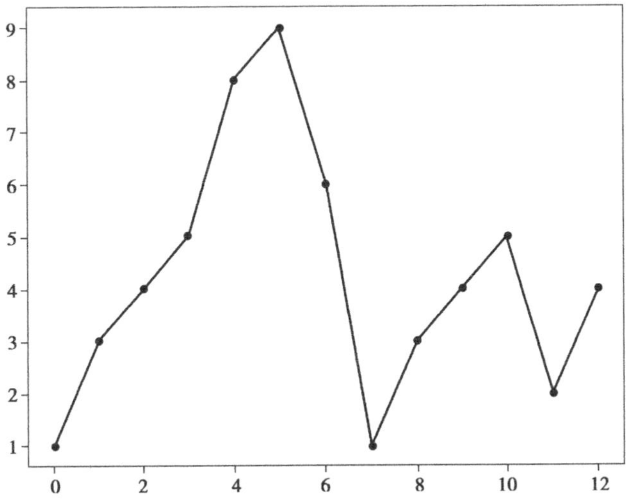

图 10-7 选用标记显示点

marker 可以定义的符号见表 10-1。

表 10-1　可选用的标记符号

标记	符号	描述
"."	●	点
","	·	像素点
"o"	⬤	实心圆
"v"	▼	下三角
"^"	▲	上三角
"<"	◀	左三角
">"	▶	右三角
"1"	⋎	下三叉
"2"	⋏	上三叉
"3"	≺	左三叉
"4"	≻	右三叉
"8"	⯃	八角形
"s"	■	正方形
"p"	⬟	五边形
"P"	✚	加号(填充)
"*"	★	星号
"h"	⬢	六边形 1
"H"	⬣	六边形 2
"+"	+	加号
"x"	×	乘号
"X"	✖	乘号(填充)
"D"	◆	菱形
"d"	♦	瘦菱形
"|"	|	竖线
"_"	—	横线
0 (TICKLEFT)	—	左横线
1 (TICKRIGHT)	—	右横线
2 (TICKUP)	|	上竖线
3 (TICKDOWN)	|	下竖线
4 (CARETLEFT)	◀	左箭头
5 (CARETRIGHT)	▶	右箭头
6 (CARETUP)	▲	上箭头
7 (CARETDOWN)	▼	下箭头

续表

标记	符号	描述
8（CARETLEFTBASE）	◀	左箭头（中间点为基准）
9（CARETRIGHTBASE）	▶	右箭头（中间点为基准）
10（CARETUPBASE）	▲	上箭头（中间点为基准）
11（CARETDOWNBASE）	▼	下箭头（中间点为基准）
"NONE"," " or ""		没有任何标记
'$ … $'	*f*	渲染指定的字符。例如"$ F$"以字母 f 为标记

【例 10-1】　选用"＊"标记作为点。

参考程序：

```
import matplotlib. pyplot as plt
import numpy as np
ypoints=np. array([1,3,4,5,8,9,6,1,3,4,5,2,4])
plt. plot(ypoints,marker=' *')
plt. show()
```

运行结果如图 10-8 所示。

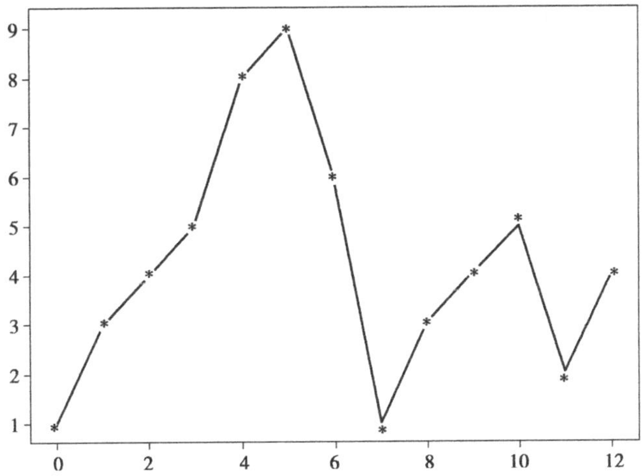

图 10-8　选用"＊"标记作为点

【例 10-2】　选用符号作为点。

参考程序：

```
import matplotlib. pyplot as plt
import matplotlib. markers
plt. plot([1,2,3],marker=matplotlib. markers. CARETDOWNBASE)
plt. show()
```

运行结果如图 10-9 所示。

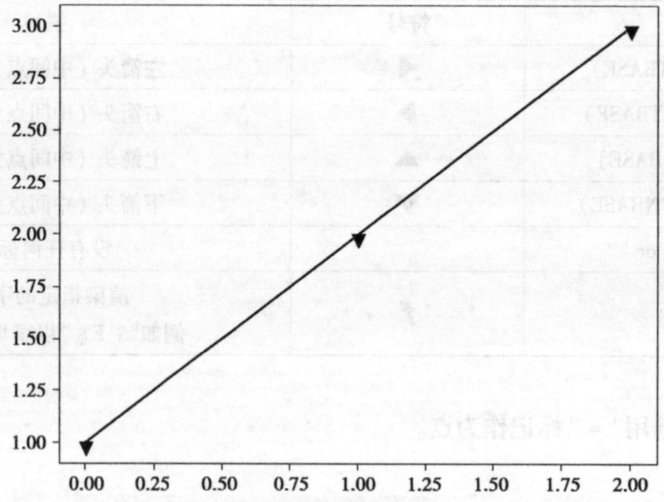

图 10-9　选用符号作为点

fmt 参数定义了基本格式,如标记、线条样式和颜色。

```
fmt='[marker][line][color]'
```

以“o:r”为例,“o”表示实心圆标记,“:”表示虚线,“r”表示颜色为红色。

参考程序:

```
import matplotlib.pyplot as plt
import numpy as np
ypoints=np.array([6,2,13,10])
plt.plot(ypoints,'o:r')
plt.show()
```

运行结果如图 10-10 所示。

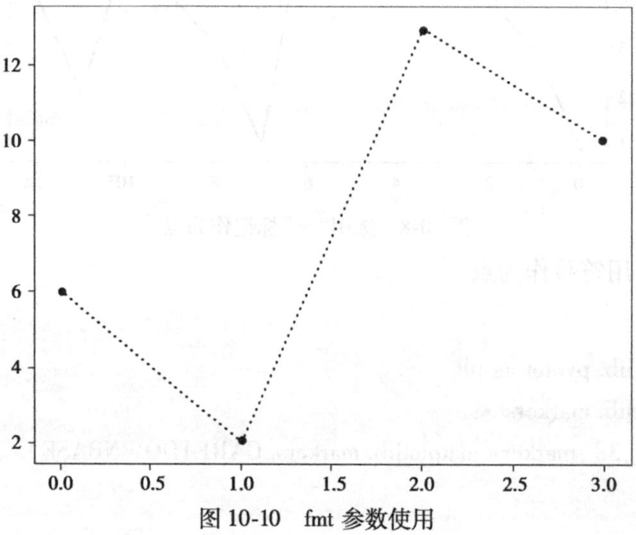

图 10-10　fmt 参数使用

线类型标记见表 10-2。

表 10-2　线类型

线类型标记	描述
'–'	实线
':'	虚线
'––'	破折线
'–.'	点画线

颜色类型标记见表 10-3。

表 10-3　颜色类型

颜色标记	描述
'r'	红色
'g'	绿色
'b'	蓝色
'c'	青色
'm'	品红
'y'	黄色
'k'	黑色
'w'	白色

可以自定义标记的大小与颜色,使用的参数分别是:

- markersize,简写为 ms:定义标记的大小。
- markerfacecolor,简写为 mfc:定义标记内部的颜色。
- markeredgecolor,简写为 mec:定义标记边框的颜色。

【例 10-3】　自定义标记。

参考程序:

```
import matplotlib. pyplot as plt
import numpy as np
ypoints=np. array([6,2,13,10])
plt. plot(ypoints,marker='o',ms=20)
plt. show()
```

运行结果如图 10-11 所示。

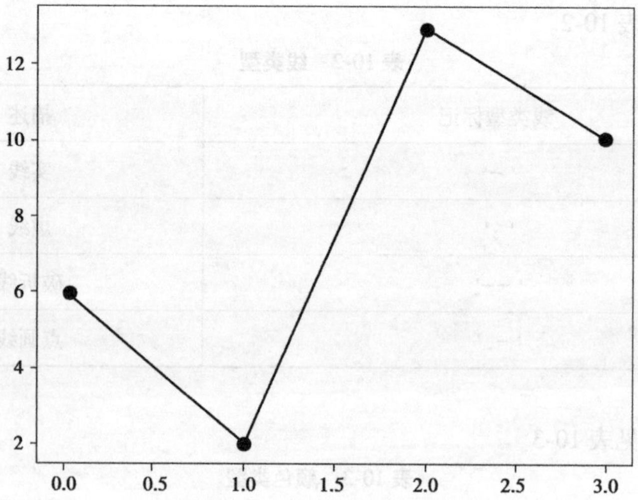

图 10-11　自定义标记

【例 10-4】　自定义标记加边框颜色。

参考程序：

```
import matplotlib.pyplot as plt
import numpy as np
ypoints=np.array([6,2,13,10])
plt.plot(ypoints,marker='o',ms=20,mec='r')
plt.show()
```

运行结果如图 10-12 所示。

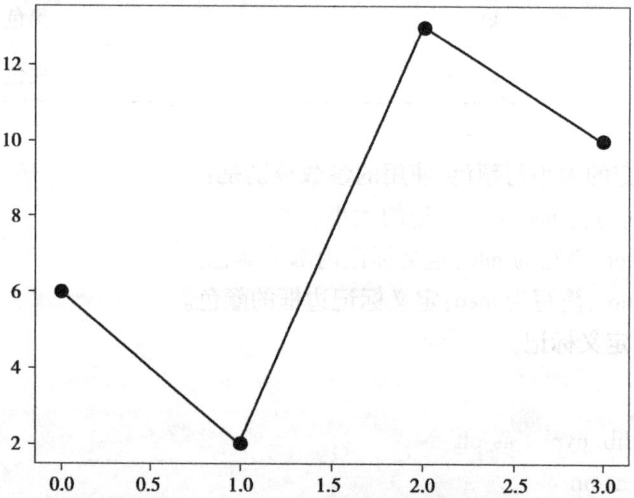

图 10-12　自定义标记加边框颜色

【例 10-5】　自定义标记颜色。

参考程序：

```
import matplotlib.pyplot as plt
import numpy as np
```

```
ypoints=np.array([6,2,13,10])
plt.plot(ypoints,marker='o',ms=20,mfc='r')
plt.show()
```

运行结果如图 10-13 所示。

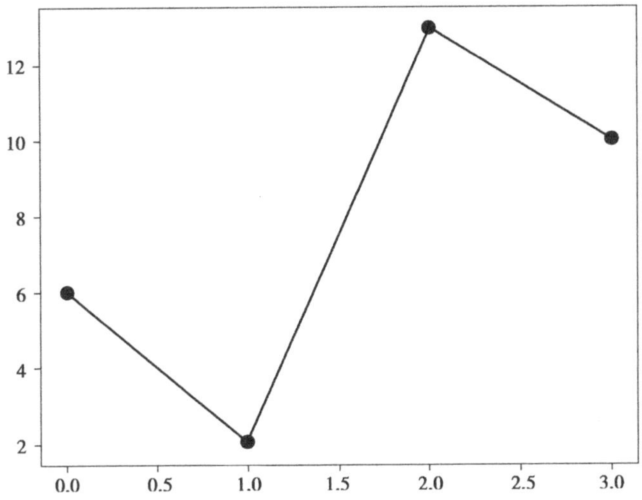

图 10-13　自定义标记颜色

10.2.3　Matplotlib 绘图线

绘图过程可以自定义线的样式,包括线的类型、颜色和大小等。

(1)线的类型

线的类型见表 10-4,可以使用 linestyle 参数来定义,简写为 ls。

表 10-4　线的类型

类型	简写	说明
'solid'(默认)	'-'	实线
'dotted'	':'	点虚线
'dashed'	'--'	破折线
'dashdot'	'-.'	点画线
'none'	'' 或' '	不画线

【例 10-6】　虚线型折线图。

参考程序:

```
import matplotlib.pyplot as plt
import numpy as np
ypoints=np.array([6,2,13,10])
plt.plot(ypoints,linestyle='dotted')
plt.show()
```

运行结果如图 10-14 所示。

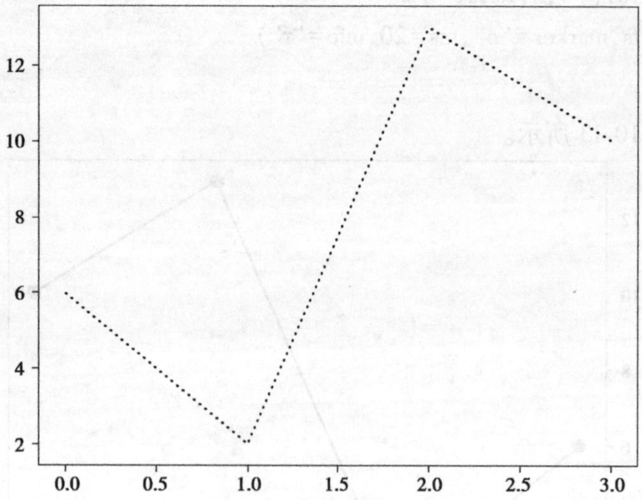

图 10-14　虚线型折线图

【例 10-7】　点画线型折线图。

参考程序：

```
import matplotlib. pyplot as plt
import numpy as np
ypoints=np. array([6,2,13,10])
plt. plot(ypoints,ls='-.')
plt. show()
```

运行结果如图 10-15 所示。

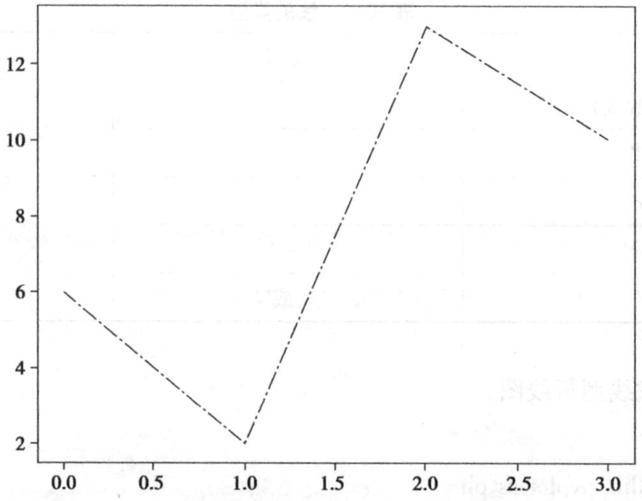

图 10-15　点画线型折线图

(2)线的颜色

线的颜色标记见表 10-3。

注：也可以自定义颜色类型，例如 SeaGreen、#8FBC8F 等，完整样式可以参考 HTML 颜色值。

【例 10-8】　红色实线型折线图。

参考程序：

```
import matplotlib.pyplot as plt
import numpy as np
ypoints=np.array([6,2,13,10])
plt.plot(ypoints,color='r')
plt.show()
```

运行结果如图 10-16 所示。

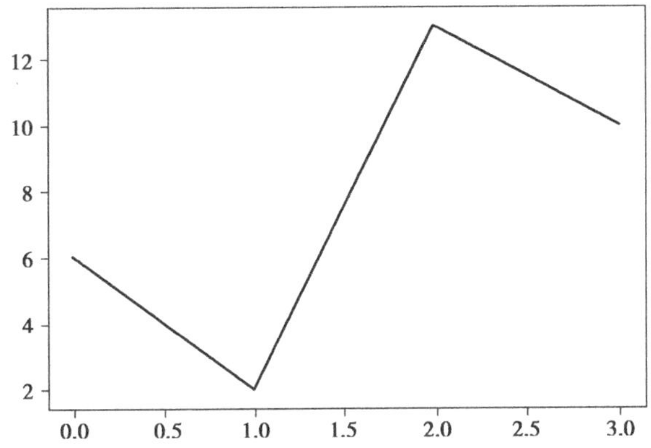

图 10-16　红色实线型折线图

【例 10-9】　使用编码设置线条颜色。

参考程序：

```
import matplotlib.pyplot as plt
import numpy as np
ypoints=np.array([6,2,13,10])
plt.plot(ypoints,c='#8FBC8F')
plt.show()
```

运行结果如图 10-17 所示。

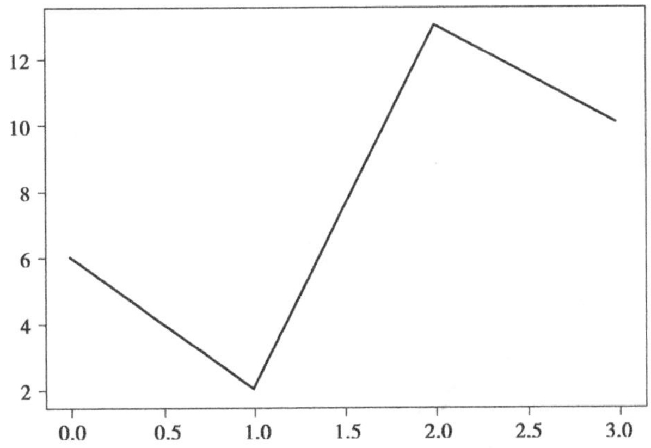

图 10-17　使用编码设置线条颜色

【例 10-10】 使用颜色名称设置线条颜色。
参考程序:

```
import matplotlib. pyplot as plt
import numpy as np
ypoints=np. array([6,2,13,10])
plt. plot(ypoints,c=' SeaGreen' )
plt. show()
```

运行结果如图 10-18 所示。

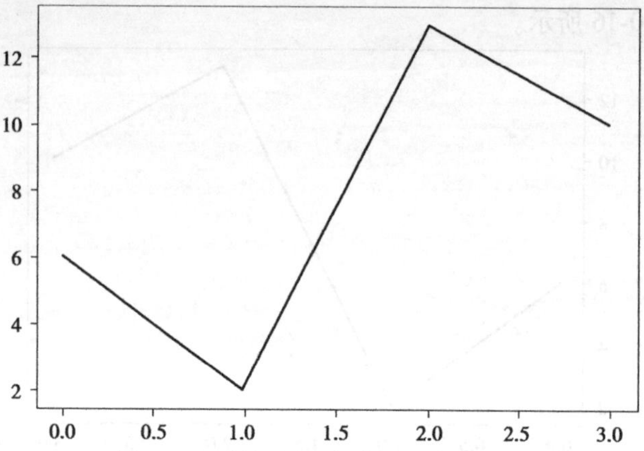

图 10-18 使用颜色名称设置线条颜色

(3)线的宽度

线的宽度可以使用 linewidth 参数来定义,简写为 lw,值可以是浮点数,如:1、2.0、5.67 等。

【例 10-11】 使用 lw 参数设置线条宽度。
参考程序:

```
import matplotlib. pyplot as plt
import numpy as np
ypoints=np. array([6,2,13,10])
plt. plot(ypoints,linewidth=' 12.5' )
plt. show()
```

运行结果如图 10-19 所示。

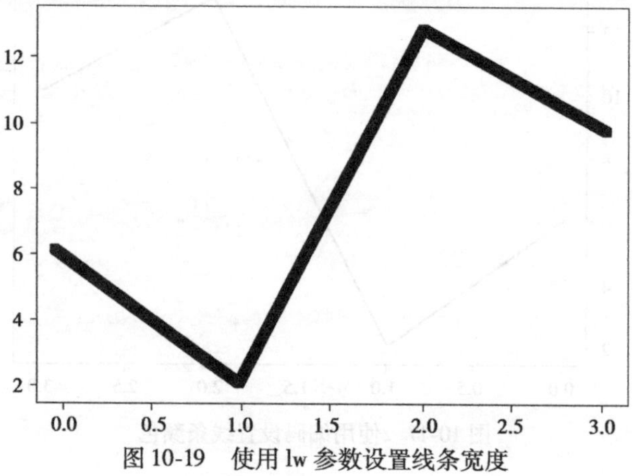

图 10-19 使用 lw 参数设置线条宽度

(4) 多条线绘制

plot()方法中可以包含多对 x,y 值来绘制多条线。

【例 10-12】　多条折线图绘制。

参考程序:

```
import matplotlib.pyplot as plt
import numpy as np
x1 = np.array([0,1,2,3])
y1 = np.array([3,7,5,9])
x2 = np.array([0,1,2,3])
y2 = np.array([6,2,13,10])
plt.plot(x1,y1,x2,y2)
plt.show()
```

运行结果如图 10-20 所示。

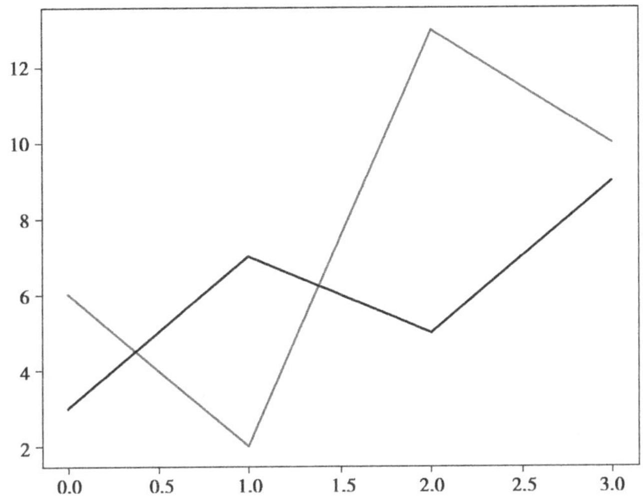

图 10-20　多条折线图绘制

(5) Matplotlib 轴标签和标题

使用 xlabel()和 ylabel()方法来设置 x 轴和 y 轴的标签。

【例 10-13】　设置坐标轴。

参考程序:

```
import numpy as np
import matplotlib.pyplot as plt
x = np.array([1,2,3,4])
y = np.array([1,4,9,16])
plt.plot(x,y)

plt.xlabel("x-label")
plt.ylabel("y-label")
plt.show()
```

运行结果如图 10-21 所示。

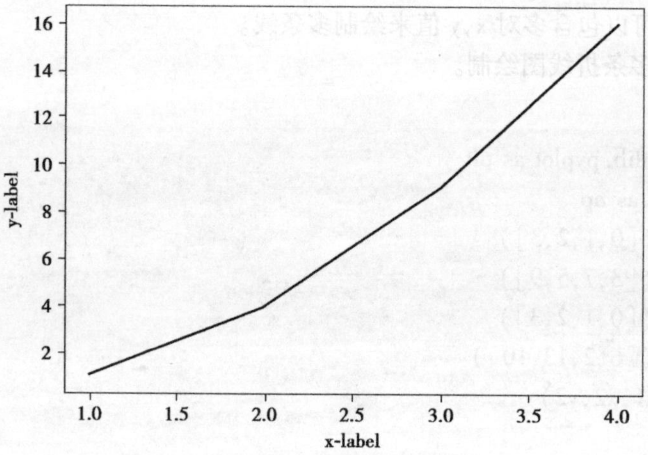

图 10-21　设置坐标轴

使用 title( )方法来设置标题。

【例 10-14】　添加标题。

参考程序:

```
import numpy as np
import matplotlib. pyplot as plt
x=np. array([1,2,3,4])
y=np. array([1,4,9,16])
plt. plot(x,y)
plt. title("TEST TITLE")
plt. xlabel("x - label")
plt. ylabel("y - label")
plt. show()
```

运行结果如图 10-22 所示。

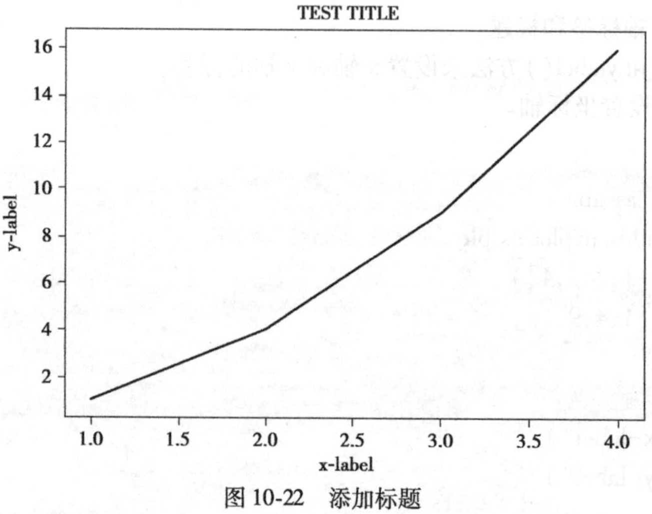

图 10-22　添加标题

项目 11

职业院校技能大赛"Python 程序开发"赛项赛题分析

【竞赛目的】

(1)优化专业建设与课程改革

赛项针对《中国制造 2025》《国家信息化发展战略纲要》《国家软件和信息技术服务业发展规划(2016—2020 年)》等国家战略软件岗位人才需求,通过赛项丰富完善学习领域课程建设,使人才培养更贴近岗位实际,提升专业培养服务社会的人才和促进行业发展的能力。

该赛项内容覆盖信息技术类专业《Python 程序设计》《Python 数据统计》《Python 数据可视化》《Python 网络爬虫》《数据统计分析基础》《Python 数据分析》《Python 应用开发》等 10 门专业课课程内容。

(2)促进产教合作

加强以"技术+模式+生态"为核心的协同创新持续深化软件产业发展,建立健全产教融合、校企合作的人才培养机制。赛项基于软件技术领域主流技术和现行业务流程设计,行业专家与院校教育专家紧密合作,赛后完成竞赛内容向教学改革的成果资源转化,实现以赛促教、以赛促学、以赛促改的产教合作赛事创新。

(3)教学成果展示

全国高职高专信息技术专业点数已经超 1100 余个,在校生 100 多万。通过 Python 程序开发竞赛,检验参赛选手项目需求分析、Python 编程、网络数据获取、数据统计分析、数据可视化、程序编码、软件测试、产品发布等技术能力。

本赛项的设计目的,不仅是提升参赛学生在 Python 程序语言的综合应用能力,而且通过校企岗位轮转等机制还培养出一批会知识、懂技术、熟项目的专业老师,使其成为高职院校信息技术类相关专业建设的骨干力量,从而增强高职院校相关专业的办学水平,提升教学环境与产业环境之间的契合度。

【竞赛样题】

(1)竞赛环境

①虚拟机:系统已安装 Python 相关环境。

②根据考题说明(表 11-1),从竞赛平台虚拟机桌面获取程序开发项目工程代码包。桌面

的工程代码可以直接使用虚拟机中的 Pycharm 导入、编译、运行和发布。

表 11-1　竞赛环境说明

序号	软件类型	软件名称
1	PC 操作系统	Windows10、Linux
2	Python 竞赛平台	Python 程序开发平台
3	IDE 开发和调试工具	PyCharm Community Edition 2021 及以上
4	浏览器	谷歌浏览器
5	数据库环境	MySQL5.7
6	Python	3.6
7	Python3.6 库	json random time csv tqdm string pandas IPython.display re os Matplotlib = = 3.3.4 Pyecharts = = 1.9.1 pymysql = = 1.0.2 Django = = 3.1.7

(2)赛题说明

本套赛题包括五个部分:第一部分为产品需求文档,第二部分为程序开发,第三部分为数据清洗,第四部分为数据分析,第五部分为数据可视化。请选手根据题目中所描述的需求,自行设计,编码实现。

第一部分:产品需求文档

第 1 题:补充产品需求文档中的新增学生功能、修改学生功能、账单详情功能。(30 分)

【功能说明】

本任务需要根据文档中的产品介绍和产品整体框架补充功能需求中的新增学生功能、修改学生功能、账单详情功能的详细内容。

【任务要求】

1. 打开项目文件中的产品需求文档。
2. 补充功能需求中的新增学生功能。
3. 补充功能需求中的修改学生功能。
4. 补充功能需求中的账单详情功能。

第二部分:程序开发

第 2 题:按照要求进行程序开发。(20 分)

【功能说明】

根据题目要求进行程序开发,包括变量和常量的规则和命名规定、不同进制之间的转换、运算符的优先级顺序、编码与解码、不同数据类型的区别和操作、循环、判断等流程控制语句的原理与使用、内置函数和模块、关键字的使用、类与对象的属性和方法、文件操作以及综合应用能力。

【任务要求】

1. 从操作环境对应文件夹中获取程序开发项目工程代码。

2. 按照赛题要求,补充 Python 程序开发代码,实现如下应用任务:

i. 编写一个字符串大小写转换程序,对于接收的字符串中各字母,进行大小写互换;对于其他字符则直接输出,不进行转换。

ii. 编写代码,对以上十进制数值“192”,进行二进制转换并输出转换结果。

iii. 现有直径 50 cm 的下水道井盖,使用 Python 运算知识,求其面积并输出结果。

iv. 现有成绩分级,成绩小于 60 分为不及格,大于 80 分为优秀,其他为良好,要求根据学生成绩变量 score 为 78 分,输出成绩等级。

v. 使用 while 循环结构编写程序输出九九乘法表(正三角)。

第三部分:数据清洗

第 3 题:利用 Pandas 对商品数据进行清洗。(15 分)

【功能说明】

利用 Pandas 函数完成对商品数据进行清洗,包括数据缺失值处理、重复数据处理、异常值处理、数据类型转换。

【任务要求】

1. 从操作环境对应文件夹中获取程序开发项目工程代码。

2. 按照赛题要求,补充 Python 数据清洗代码,实现如下数据清洗任务:

i. 检查缺失数据项。

ii. 对“商品价格”数据项进行均值插补。

iii. 对冗余数据记录进行删除。

iv. 把清洗后的数据保存至操作环境指定文件夹中。

第四部分:数据统计分析

第 4 题:编写 Python 程序对电商数据进行统计分析。(15 分)

【功能说明】

编写 Python 程序,使用 Numpy 和 Pandas 对电商数据进行数据统计分析。

【任务要求】

1. 从操作环境对应文件夹中获取程序开发项目工程代码。

2. 按照辅助文档要求,实现下列任务:

i. 使用 Numpy 对“商品名称”进行切片，生成数据“商品品牌”和“商品特征”。
ii. 运行代码对数据集进行分组，然后对每组进行统计分析。
iii. 把处理后的数据保存至操作环境指定文件夹中。

第五部分：数据可视化

第 5 题：编写 Python 程序，对商品特征进行数据分析并进行可视化展示。(20 分)
【功能说明】
编写 Python 程序，使用 Numpy 和 Pandas 进行商品特征数据分析以及可视化展示，并创建一个文件用来存放数据分析和可视化结果。
【任务要求】
1. 从操作环境对应文件夹中获取程序开发项目工程代码。
2. 按照赛题要求，实现下列任务：
i. 补充 Python 代码，完成对商品价格的统计分析并绘制直方图和核密度图。
ii. 补充 Python 代码，统计共有多少个品牌。
iii. 补充 Python 代码，根据商品特征 TOP10 分析商品销售趋势，并绘制饼状图。
iv. 运行代码，并把运行结果文件保存至操作环境指定文件夹中。

【知识与技能基础】

“纸上得来终觉浅，绝知此事要躬行”——从书本上得到的知识终归是浅薄的，最终要想认识事物或事理的本质，还必须依靠亲身的实践。只有这样才能把书本上的知识变成自己的实际本领。纸上得来的东西感受总不是很深刻，要经过生活实践中自身的真实体验，要通过自己的感悟，才能获得真正深刻的道理。而竞赛就是将理论知识转化为技术技能的绝佳机会，要想顺利完成赛题，必须要打好基础，潜心钻研。

Python 程序开发赛项以企业真实项目为基础，采用市场主流软件开发架构和实际操作形式进行现场编程设计。竞赛采用“产品需求文档”“程序开发”“数据清洗”“数据分析”“数据可视化”5 种题型。主要涉及的知识和技能见表 11-2。

表 11-2　竞赛主要涉及的知识与技能

模块	能力描述
A	产品需求文档编写能力
	个人需要知道和理解： • 产品需求文档的组成部分 • 产品需求文档存在的意义 • 产品需求文档的重要性 • 产品需求文档的编写规范
	个人应能够： • 编写产品需求文档 • 详细并准确地描述具体功能的实现过程 • 良好的文档编写风格和文档编写习惯

续表

模块	能力描述
B	Python 编程能力
	个人需要知道和理解： ● Python 基本语法 ● 掌握函数的定义和调用 ● 对常用模块/标准库进行导入、使用 ● 类与对象的定义和调用
	个人应能够： ● 自定义代码规则 ● 独立完成程序编写，创建函数满足对应功能 ● 良好的编码风格和编码习惯
C	Python 数据分析能力
	个人需要知道和理解： ● 数组运算 ● 数组索引和切片 ● 数据增删改查操作 ● NumPy 基本操作 ● NumPy 常用统计分析函数 ● NumPy 文件读写操作 ● 数据清洗(重复值、确缺失值、异常值) ● 数据排序 ● 数据计算
	个人应能够： ● 掌握 Python 核心数据分析支持库 Pandas 的使用 ● 使用数据计算模块 NumPy 进行数组创建与计算以及矩阵创建与计算
D	Python 数据可视化能力
	个人需要知道和理解： ● 图表的常用设置 ● 基本绘图 plot 函数 ● 参数配置 ● 设置坐标轴 ● 添加文本标签 ● 设置标题和图例 ● 绘制折线图、饼形图、散点图等
	个人应能够： ● 使用 Python 可视化库 Matplotlib 对数据进行可视化操作 ● 使用 seaborn 可视化库对数据进行可视化操作 ● 结合数据选择合适的图表展示

【赛题解析】

11.1 环境安装

11.1.1 Anaconda 的概念

Python 开发环境及集成开发环境 PyCharm 安装教程已在项目一中做了详细说明,此处不再赘述。下面将介绍另一个开发环境 Anaconda。

(1) Anaconda 简介

Anaconda,中文大蟒蛇,是一个开源的 Python 发行版本,其包含了 conda、Python 等超过 180 个科学包及其依赖项。Anaconda 环境集成了常用 Python 包及稳定的 Python 版本,足以应对比赛所需环境,搭配 PyCharm 可以快速开发。

(2) Anaconda 的特点

Anaconda 具有如下特点:

- 开源。
- 安装过程简单。
- 高性能使用 Python 和 R 语言。
- 免费的社区支持。

其特点的实现主要基于 Anaconda 拥有的:

- conda 包。
- 环境管理器。
- 1,000+开源库。

11.1.2 Anaconda 的适用平台及安装条件

(1) 适用平台

Anaconda 可以在以下系统平台中安装和使用:

- Windows。
- macOS。
- Linux(x86/Power8)。

(2) 安装条件

- 系统要求:32 位或 64 位系统均可。
- 下载文件大小:约 500 MB。
- 所需空间大小:3 GB 空间大小(Miniconda 仅需 400 MB 空间即可)。

11.1.3 Anaconda 的安装步骤

(1) macOS 系统安装 Anaconda

①前往官方下载页面下载。有两个版本可供选择:Python 3.6 和 Python 2.7。本项目以

Python 3.6 为例。选择版本之后单击“64-Bit Graphical Installer”进行下载。

②完成下载之后，双击下载文件，在对话框中“Introduction”“Read Me”“License”部分可直接单击下一步。

③“Destination Select”部分选择“Install for me only”并单击下一步，如图 11-1 所示。

注意：若有错误提示信息“You cannot install Anaconda in this location”则重新选择“Install for me only”并单击下一步。

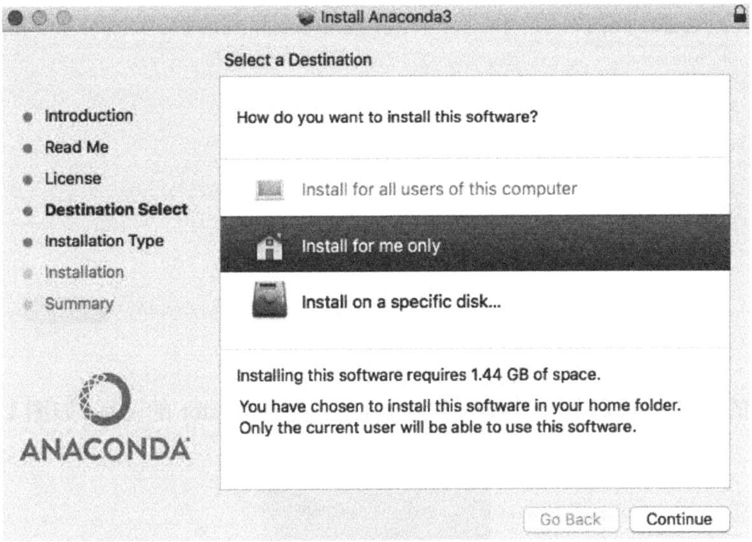

图 11-1　Destination Select

④“Installation Type”部分，可以单击“Change Install Location”来改变安装位置。标准的安装路径是在用户的家目录下。若选择默认安装路径，则直接单击“Install”进行安装，如图 11-2 所示。

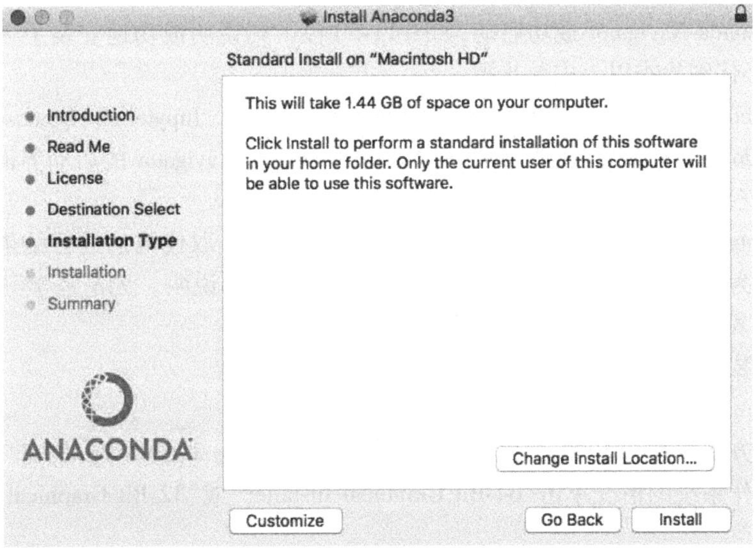

图 11-2　Installation Type

⑤等待 Installation 部分结束，在 Summary 部分若看到“The installation was completed successfully."则安装成功,直接单击"Close"关闭对话框,如图 11-3 所示。

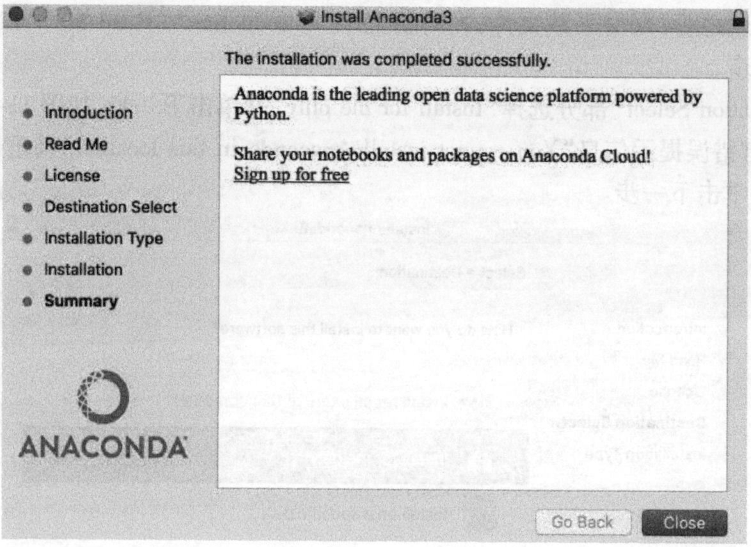

图 11-3　Summary 部分

⑥在 mac 的 Launchpad 中可以找到名为 Anaconda-Navigator 的图标,如图 11-4 所示,单击打开。

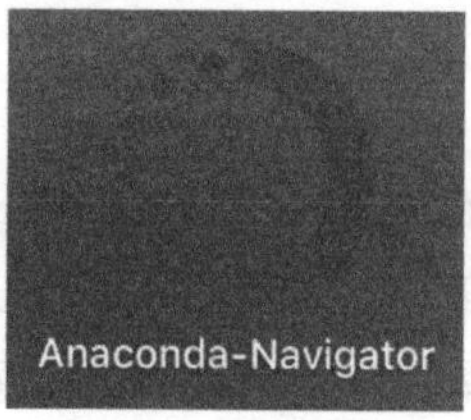

图 11-4　Anaconda-Navigator 的图标

⑦若 Anaconda-Navigator 成功启动,如图 11-5 所示,则说明成功地安装了 Anaconda;如果未成功,请务必仔细检查以上安装步骤。

提示:Anaconda-Navigator 中已经包含 Jupyter Notebook、Jupyterlab、Qtconsole 和 Spyder。(图中的 Rstudio 是后来安装的,但它默认出现在 Anaconda-Navigator 的启动界面,只需要单击"Install"便可安装。)

Jupyter Notebook 有助于我们编写代码、运行代码以及获取代码的运行结果,特点是可以令我们便捷地为代码及其运行结果添加文档的描述、解释和说明。无论是学习还是工作,Jupyter Notebook 都是提高效率和学习、工作质量的利器。

⑧完成安装。

(2) Windows 系统安装 Anaconda

①前往官方下载页面下载,有两个版本可供选择:Python 3.6 和 Python 2.7,选择版本之后根据自己操作系统的情况单击"64-Bit Graphical Installer"或"32-Bit Graphical Installer"进行下载。

②完成下载之后,双击下载文件,启动安装程序。

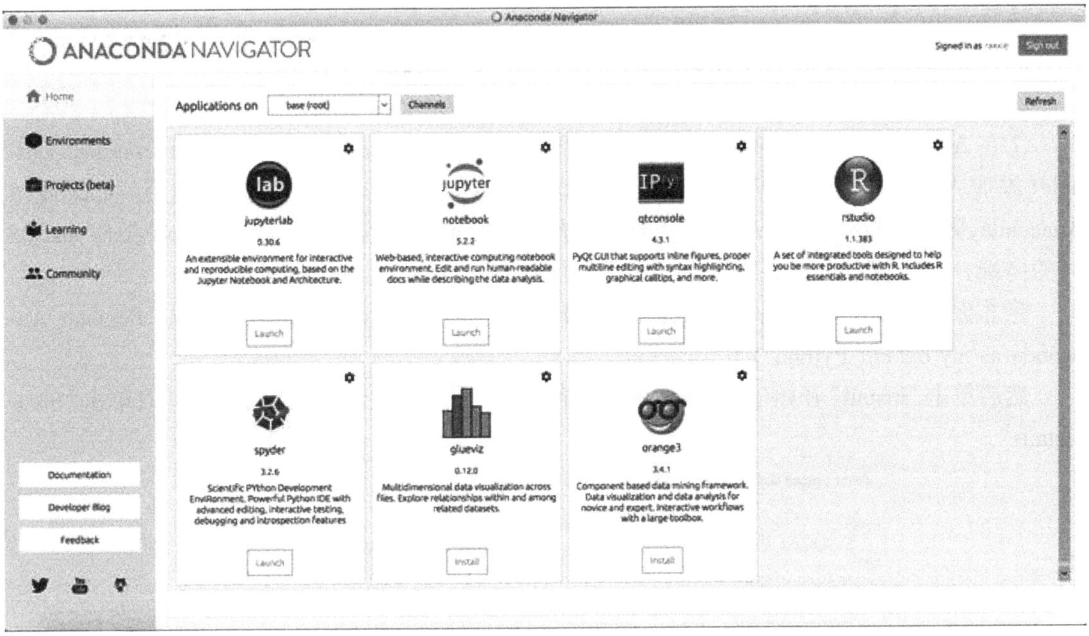

图 11-5　Anaconda-Navigator 成功启动

注意：

a. 如果在安装过程中遇到问题报错，可以尝试暂时地关闭杀毒软件，并在安装程序完成之后再打开。

b. 如果在安装时选择了“为所有用户安装”，应卸载 Anaconda 然后重新安装，选择“只为我这个用户”安装。

③选择“Next”。

④阅读许可证协议条款，然后勾选“I Agree”并进行下一步。

⑤除非是以管理员身份为所有用户安装，否则仅勾选“Just Me”并单击“Next”。

⑥在 Choose Install Location 界面中选择安装 Anaconda 的目标路径，然后单击“Next”，如图 11-6 所示。

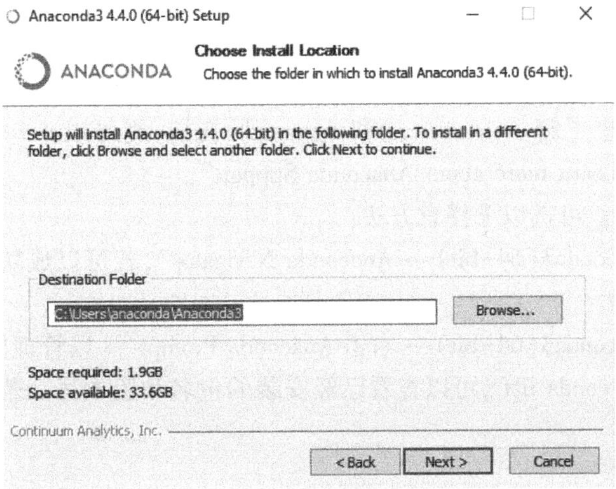

图 11-6　选择安装路径

注意：

a. 目标路径中不能含有空格，同时不能是“unicode”编码。

b. 除非被要求以管理员权限安装，否则不要以管理员身份安装。

⑦在 Advanced Installation Options 中不要勾选 Add Anaconda to my PATH environment variable(添加 Anaconda 至我的环境变量)。因为如果勾选，将会影响其他程序的使用。如果使用 Anaconda，则通过打开 Anaconda Navigator 或者在开始菜单中的 Anaconda Prompt(类似 macOS 中的终端)中进行使用。

除非你打算使用多个版本的 Anaconda 或者多个版本的 Python，否则便勾选“Register Anaconda as my default Python 3.6”。

然后单击“Install”开始安装，如图 11-7 所示。如果想要查看安装细节，则可以单击“Show Details”。

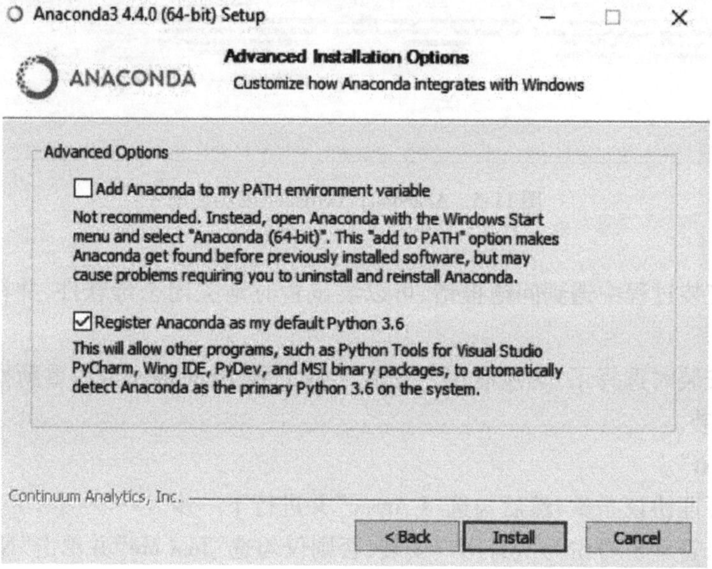

图 11-7　勾选界面

⑧单击“Next”。

⑨进入 Thanks for installing Anaconda！界面则意味着安装成功，单击“Finish”完成安装，如图 11-8 所示。

注意：如果你不想了解 Anaconda 云和 Anaconda 支持，则可以不勾选“Learn more about Anaconda Cloud”和“Learn more about Anaconda Support”。

⑩验证安装结果。可选以下任意方法：

a.“开始 → Anaconda3(64-bit)→ Anaconda Navigator”，若可以成功启动 Anaconda Navigator 则说明安装成功。

b.“开始 → Anaconda3(64-bit)→ 右击 Anaconda Prompt → 以管理员身份运行”，在 Anaconda Prompt 中输入 conda list，可以查看已经安装的包名和版本号。若结果可以正常显示，则说明安装成功。

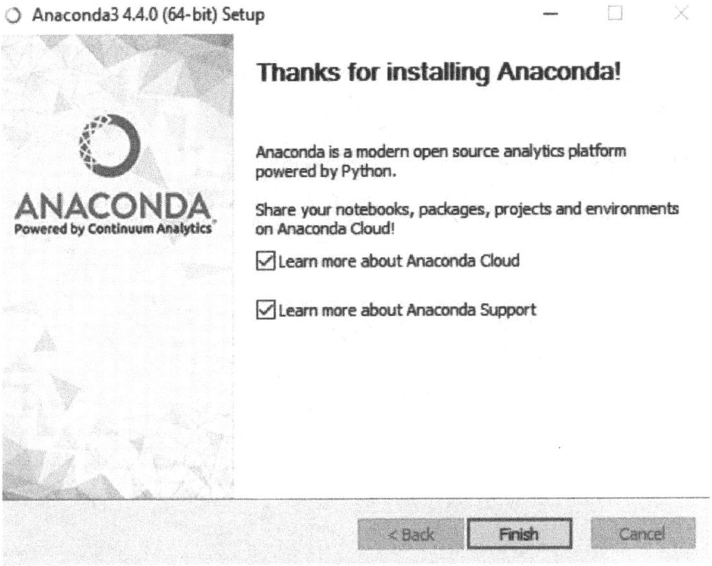

图 11-8　可选项

11.2　程序开发

11.2.1　必备环境之 Django

(1) 安装 Django

在终端中输入“pip install -i https://pypi. douban. com/simple django”命令安装 Django。如果终端中报错，可打开 idea 配置仓库，如图 11-9、图 11-10 所示。

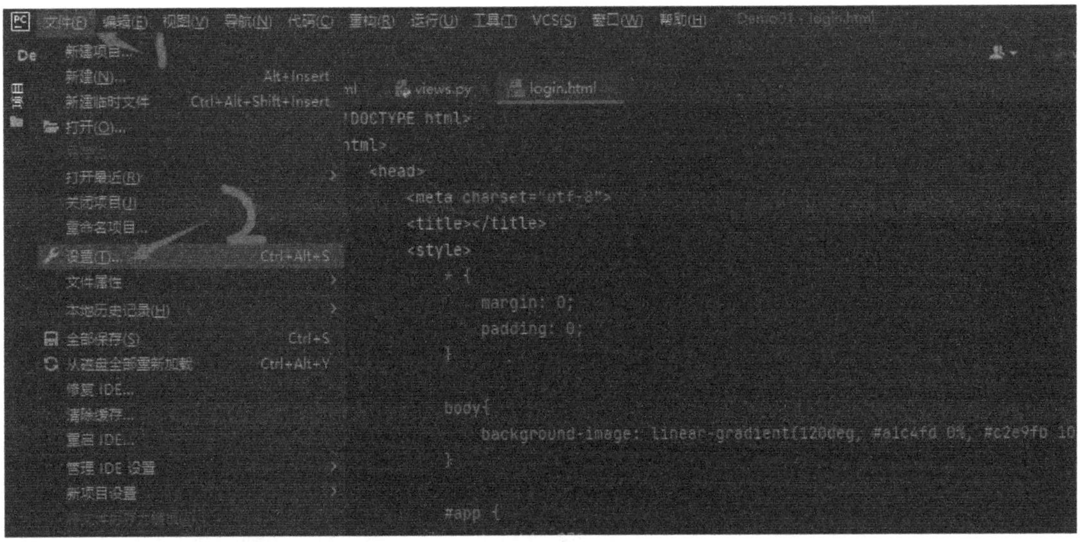

图 11-9　安装 Django

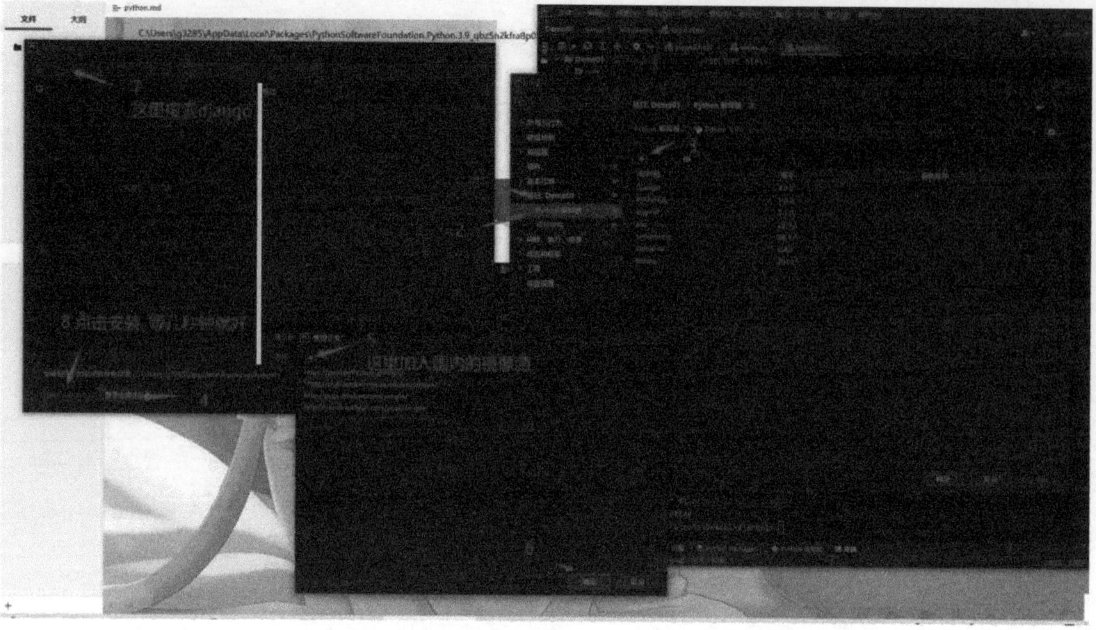

图 11-10　安装 Django

(2)初始化项目

在要创建项目的位置下进行如下操作,具体步骤如图 11-11—图 11-13 所示。

django-admin startproject demo(demo 是项目名,可自定义命名,尽量使用小写字母)。

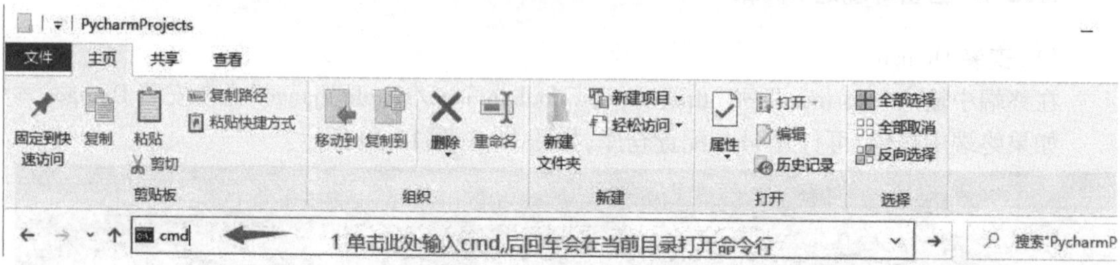

图 11-11　打开命令行

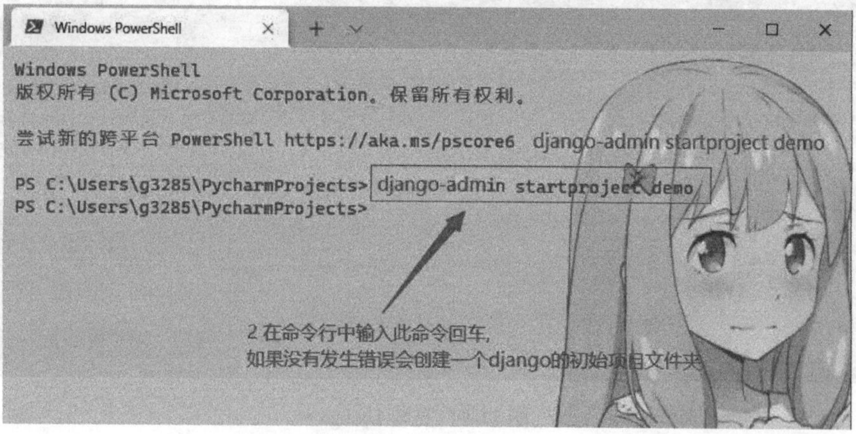

图 11-12　初始化项目

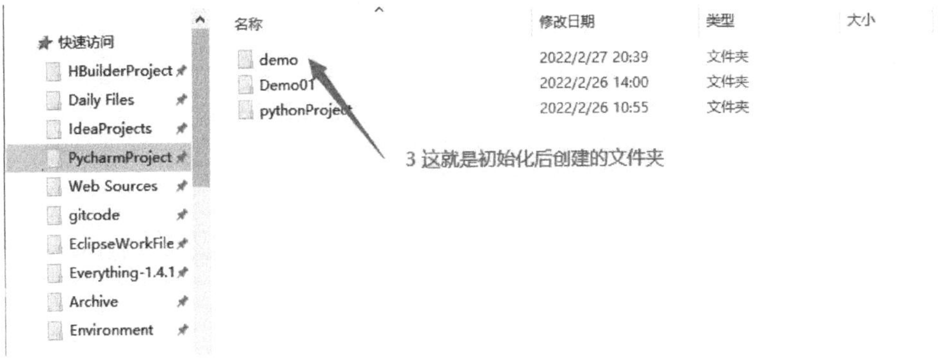

图 11-13　初始化后的文件夹

如果发生错误，请打开 Python 安装路径，并进行如下操作，如图 11-14—图 11-16 所示。

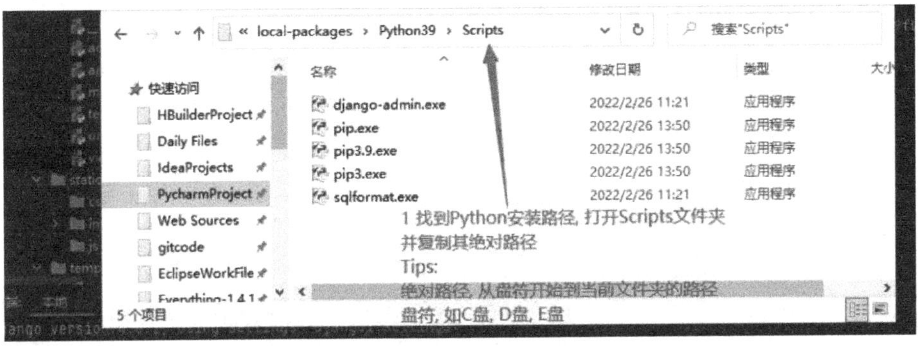

图 11-14　错误处理办法

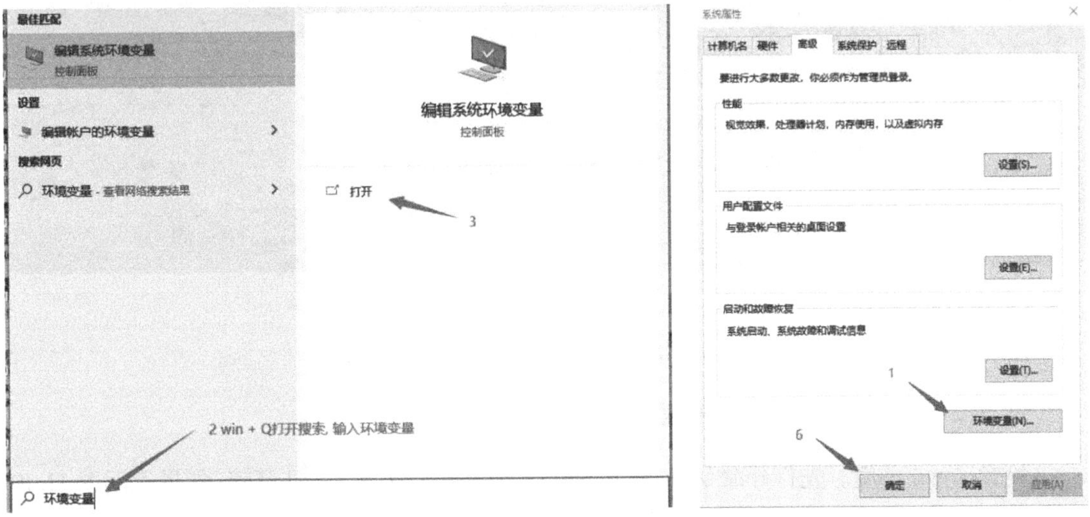

图 11-15　打开环境变量

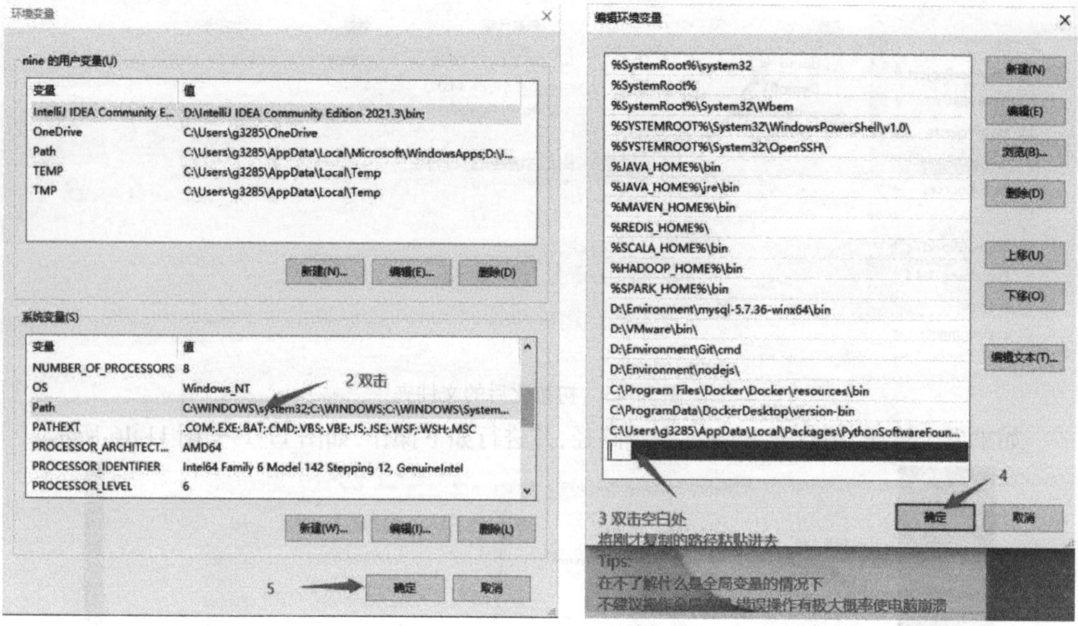

图 11-16　找到 path 并添加

(3)首次启动项目

启动项目如图 11-17 所示。

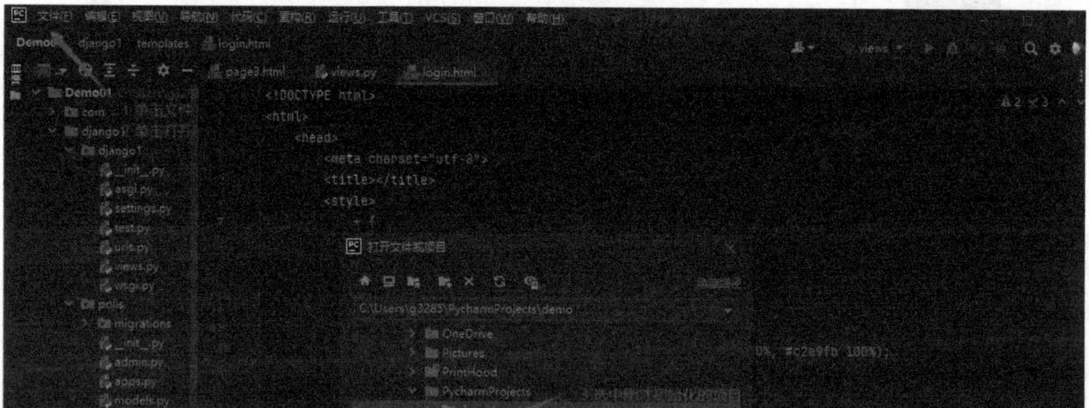

图 11-17　启动项目

启动项目时需要的命令(图 11-18):python manage. py runserver。

11.2.2　必备环境之 mysql 数据库

检查 mysql 环境。先打开命令行,输入 mysql,检查是否含有 mysql 环境,如果返回图 11-19 相似信息,则证明具有 mysql 环境,如果返回其他信息,则证明 mysql 未安装或者未成功配置。

在 Django 中配置 mysql。具体命令如下,操作步骤如图 11-20—图 11-22 所示。

```
import pymysql
pymysql. install_as_MySQLdb()
```

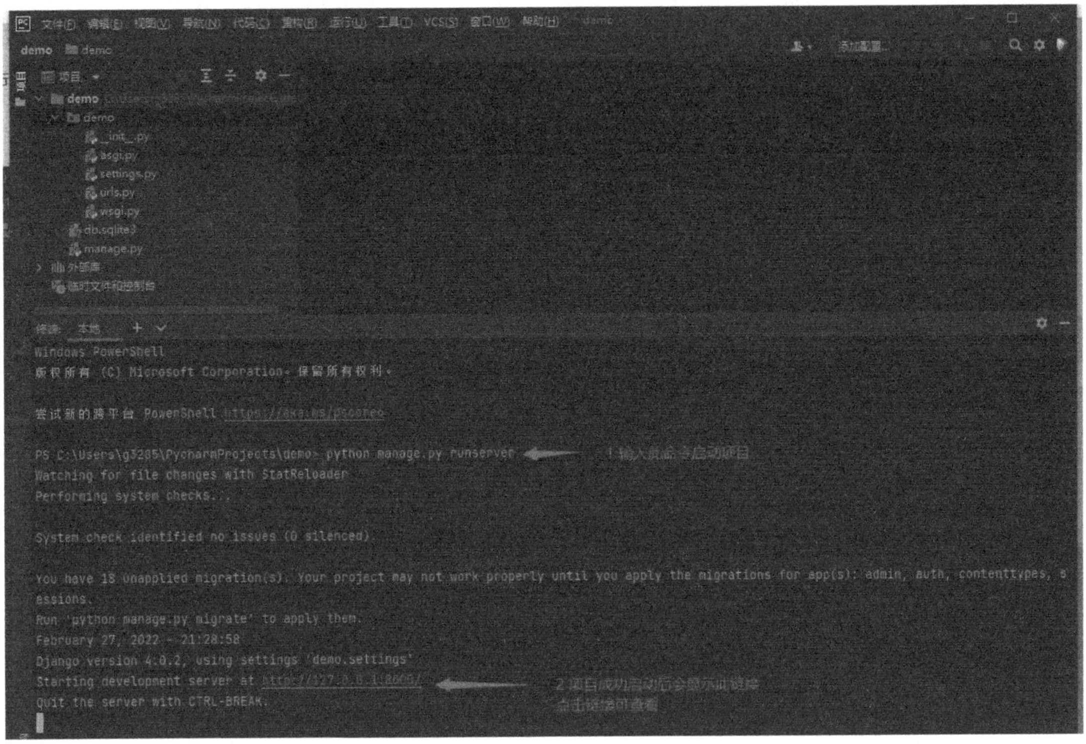

图 11-18　启动命令

图 11-19　配置成功

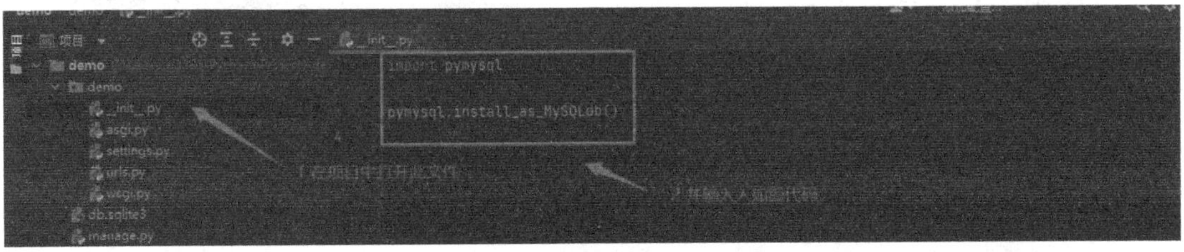

图 11-20　配置命令

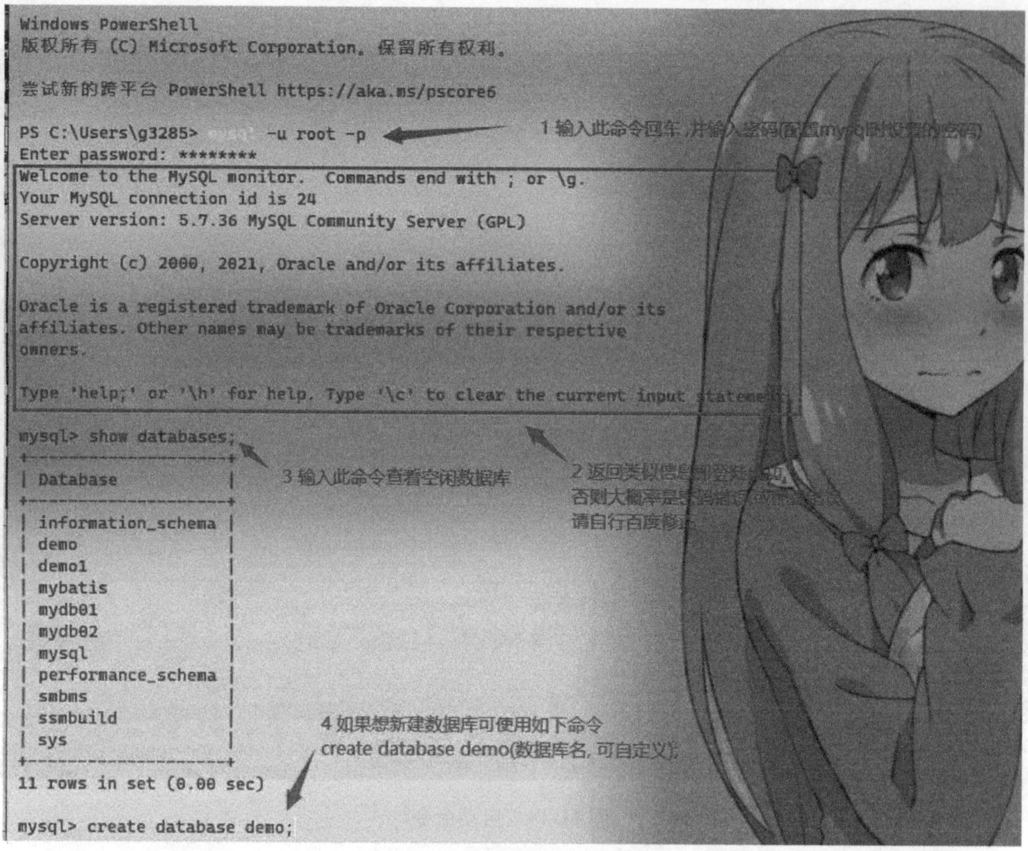

图 11-21　基本命令

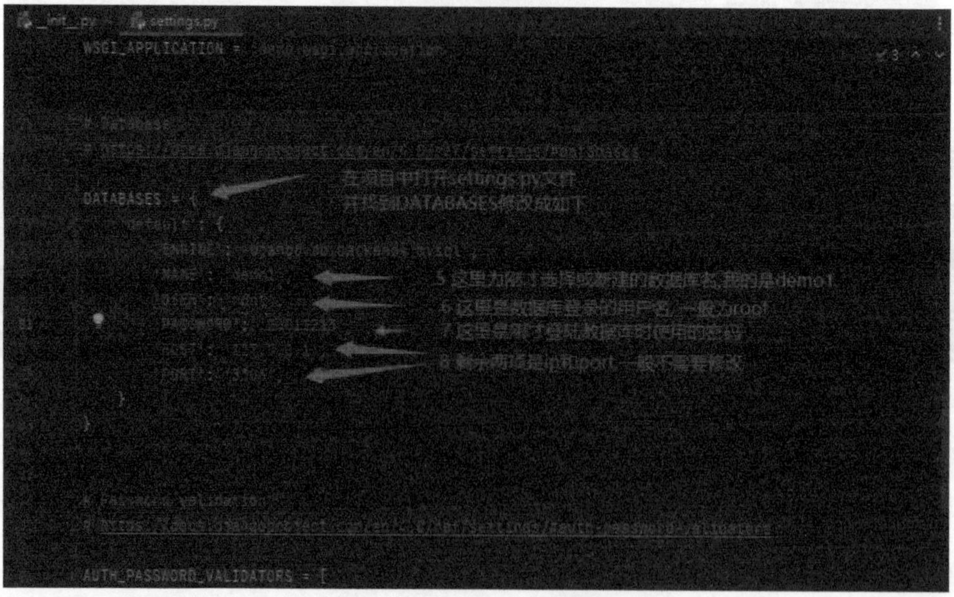

图 11-22　在 Django 中配置数据库

打开 mysql 客户端，执行 DELETE FROM django_migrations WHERE app =' app 名称' ；然后执行 python manage. py migrate，即可同步数据库(图 11-23)。

图 11-23 同步数据库

11.2.3 基础操作

(1)创建管理员账号

输入命令 python manage. py createsuperuser,具体操作如图 11-24 所示。

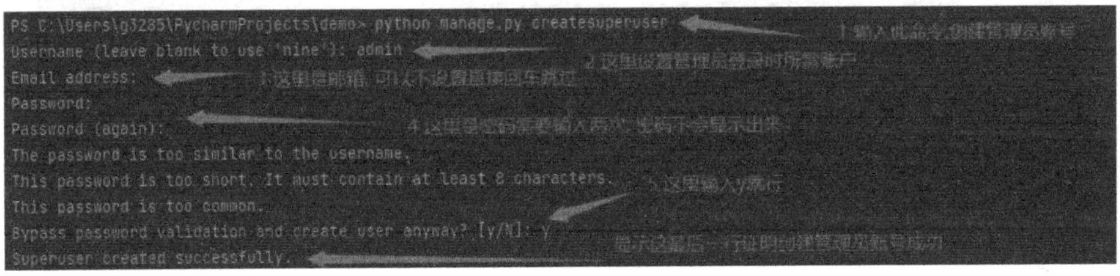

图 11-24 创建管理账号

(2)创建 App

输入命令 python manage. py startapp polls,此命令会在项目文件夹下自动创建一个名为 polls 的文件夹(图 11-25)。

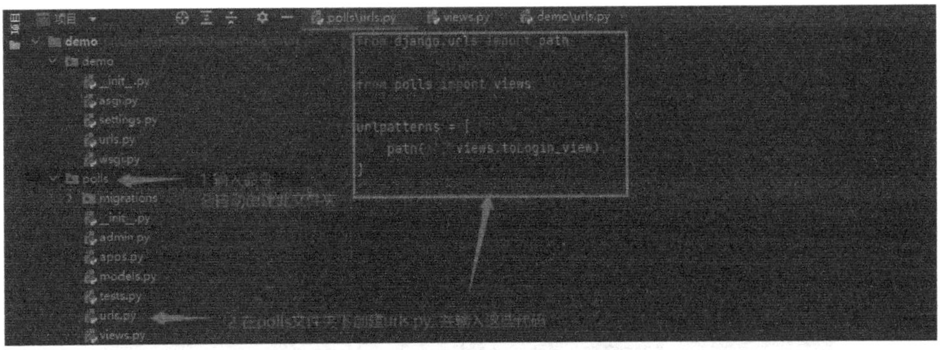

图 11-25 创建 App

在 django 中，项目同名文件夹（如本例中的 demo）下的 urls. py 被称为主路由，项目下 polls 文件夹中的 urls. py 被称为子路由。

配置完子路由，还需要在主路由（demo\urls. py）中配置映射指向子路由。

```
from django.contrib import admin
from django.urls import path,include
urlpatterns=[
    path('admin/',admin.site.urls),
    path('polls/',include('polls.urls')),
]
```

操作界面如图 11-26 所示。

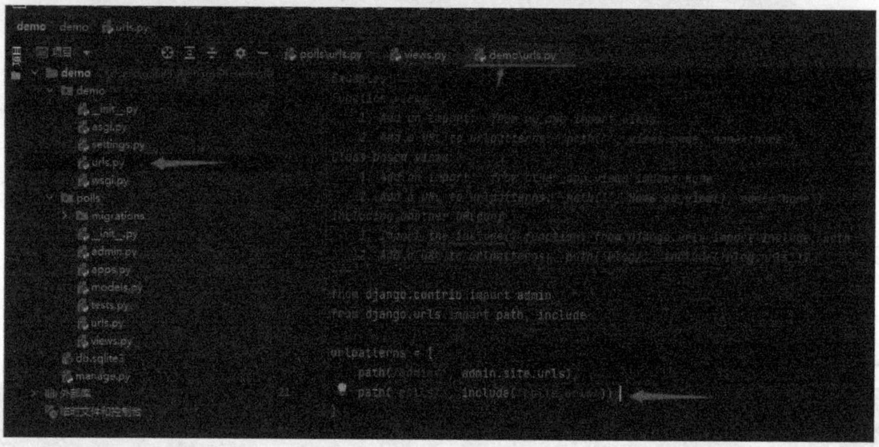

图 11-26　配置路由

(3)配置视图(View)

在 polls/views. py 中输入如下代码：

```
from django.shortcuts import render
def toLogin_view(request):
    return render(request,'login.html')
```

操作界面如图 11-27 所示。

图 11-27　配置视图

(4)配置模板(Templates)

输入命令' DIRS' :[os. path. join(BASE_DIR,' templates')],如图 11-28 所示。

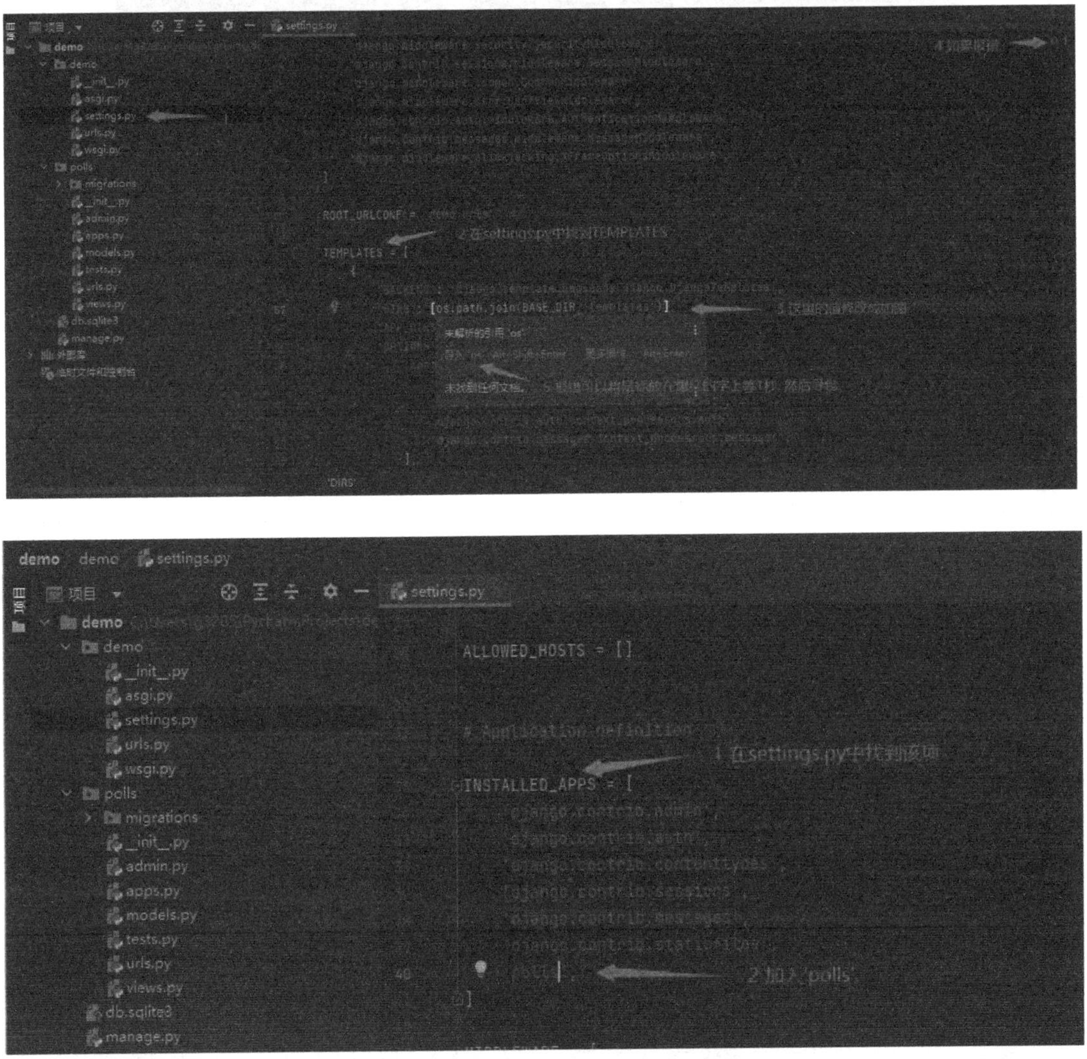

图 11-28　配置模板

(5)设置静态文件目录

#在 setting. py 中任意地方加入该代码(图 11-29)

STATICFILES_DIRS = (os. path. join(BASE_DIR,' static')),

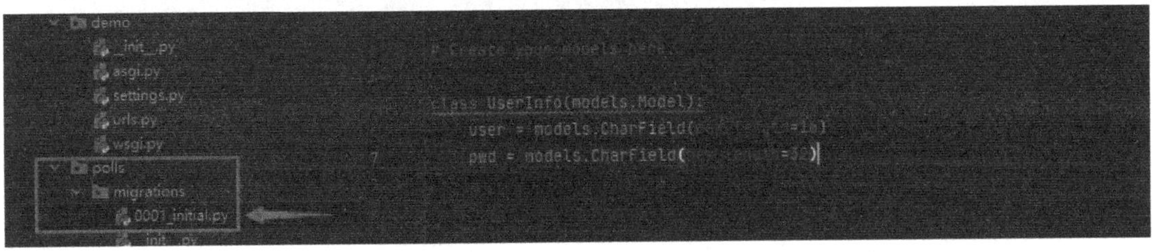

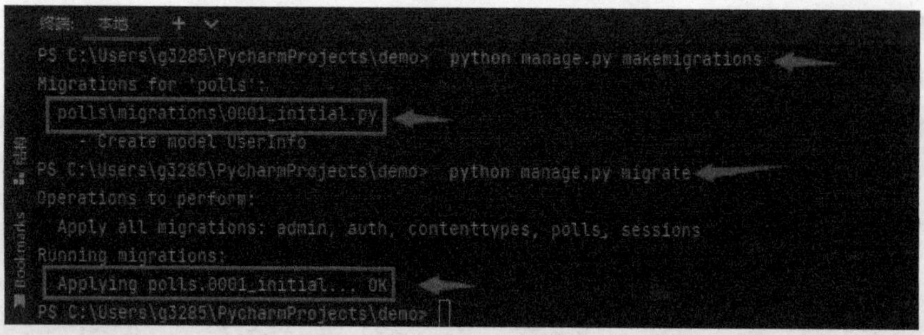

图 11-29　设置静态文件

(6) CSRF 安全检查

出现如图 11-30 报错可将 setings. py 中 MIDDLEWARE 的 csrf 项注释，如图 11-31 所示。

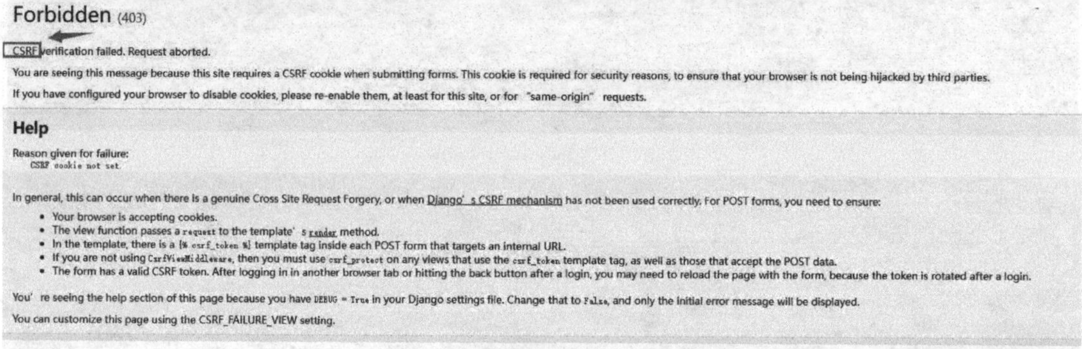

图 11-30　报错信息

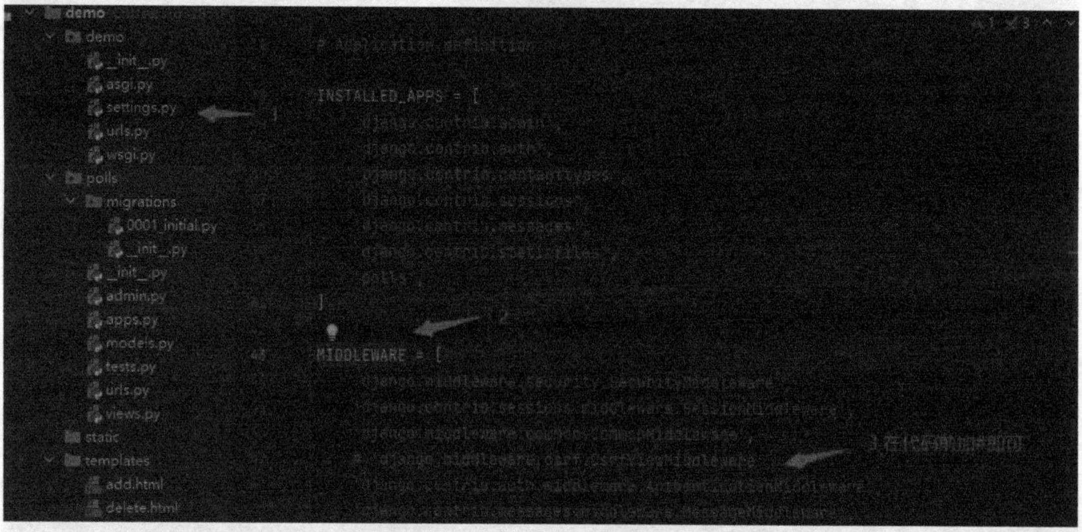

图 11-31　错误修改

(7) 配置模型（Model）

模型层用到了面向对象的抽象思想，将普通的数据转化为抽象结构。

下列代码定义了一个 UserInfo 类，翻译过来就是用户信息。该类将账号和密码抽象为用户的一部分，并且设置了账号最长 16 位字符，密码最长 32 位字符（图 11-32），最后自动托管创建了对应数据库表，类似于：

```
create table UserInfo ('user' varchar(16),'pwd' varchar(32));
```

甚至可以添加姓名、性别、学号等，一切你认为可以出现在用户身上的特性。

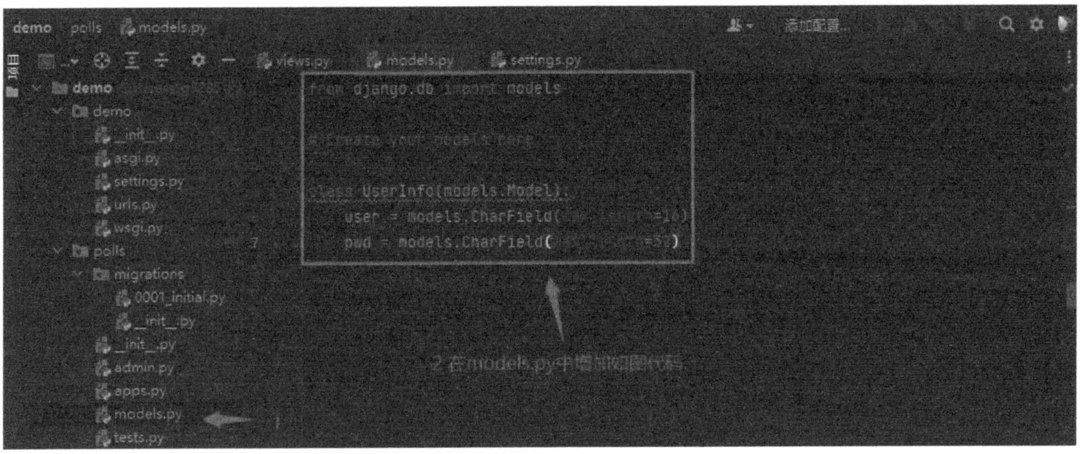

图 11-32　配置模型

11.2.4　Django 操作数据库(CRUD)

(1)增加一个新用户

```
request.POST.get()方法获取了前端传递的参数
username=request.POST.get('username',None)
password=request.POST.get('password',None)
models.UserInfo.objects.create(user=username,pwd=password)
```

(2)根据账号删除一个用户

```
username=request.POST.get('username',None)
models.UserInfo.objects.filter(user=username).delete()
```

(3)删除全部用户

```
models.UserInfo.objects.all.delete()
```

(4)根据账号修改密码

```
username=request.POST.get('username',None)
password=request.POST.get('password',None)
models.UserInfo.objects.filter(user=username).update(pwd=password)
```

(5)根据账号查询用户

```
user=models.UserInfo.objects.filter(user=username)
```

(6)查询所有用户

```
models.UserInfo.objects.all()会返回一个用户列表
user_list=models.UserInfo.objects.all()
```

11.2.5 HTML 相关操作

(1)用户列表遍历

```
<table border="1">
    <thead>
        <tr>
            <th>用户名</th>
            <th>密码</th>
        </tr>
    </thead>
    <tbody>
        {% for line in user_list %}
        <tr>
            <td>{{ line.user }}</td>
            <td>{{ line.pwd }}</td>
        </tr>
        {% endfor %}
    </tbody>
</table>
```

(2)表单提交

```
<form action="/polls/add/" method="post">
    <table id="tab">
        <tr>
            <td>用户名</td>
            <td>
                <input type="text" name="username" class="txt" />
            </td>
        </tr>
        <tr>
            <td>密码</td>
            <td>
                <input type="text" name="password" class="txt"/>
            </td>
        </tr>
    </table>
    <input type="submit" id="sub" value="创建" />
</form>
```

(3) views. py

```
from django. shortcuts import render
from polls import models

# Create your views here.
def toLogin_view(request):
    return render(request,'login. html')

def Login_view(request):
    if request. GET. get('username',None) ! = 'admin' or request. GET. get
('password',None) ! ='admin':
        if request. GET. get('username',None) = = None and request. GET. get('pass-
word',None) = = None:
            dict1 = {"message":"请输入账号和密码"}
        else:
            dict1 = {"message":"账号或密码错误"}
        return render(request,'login. html',dict1)
    return render(request,'main. html')

def Main_Page(request):
    return render(request,'main. html')

def Add_User(request):
    username=request. POST. get('username',None)
    password=request. POST. get('password',None)
    if username= =None and password= =None:
        return render(request,'add. html',{})
    if models. UserInfo. objects. filter(user=username):
        return render(request,'add. html',{'message':'该用户已存在'})
    models. UserInfo. objects. create(user=username,pwd=password)
    user_list = models. UserInfo. objects. all()
    return render(request,'select. html',{'user_list':user_list})

def Update_User(request):
    username=request. POST. get('username',None)
    password=request. POST. get('password',None)
    if username= =None and password= =None:
        return render(request,'update. html')
    if models. UserInfo. objects. filter(user=username):
```

```
            models. UserInfo. objects. filter(user=username). update(pwd=password)
            user_list=models. UserInfo. objects. all()
            return render(request,'select. html',{'user_list':user_list})
        else:
            return render(request,'update. html',{'message':'未查到该用户,请核对后重
试'})

def Select_User(request):
        user_list=models. UserInfo. objects. all()
        return render(request,'select. html',{'user_list':user_list})

def Delete_User(request):
        username=request. POST. get('username',None)
        if username ! = None:
            models. UserInfo. objects. filter(user=username). delete()
        user_list=models. UserInfo. objects. all()
        return render(request,'delete. html',{'user_list':user_list})
```

(4) urls. py(子路由)

```
from django. urls import path
from polls import views
urlpatterns=[
        path('',views. Login_view),
        path('add/',views. Add_User),
        path('select/',views. Select_User),
        path('delete/',views. Delete_User),
        path('update/',views. Update_User),
        path('main/',views. Main_Page),
]
```

(5) urls. py(主路由)

```
from django. contrib import admin
from django. urls import path,include
urlpatterns=[
        path('admin/',admin. site. urls),
        path('polls/',include('polls. urls')),
]
```

主路由其实从头到尾就只增加了 path('polls/',include('polls. urls')),此项用于配置子路由映射至主路由,其他路径都应该在子路由中配置。

11.3　数据爬取

11.3.1　urllib. request 包

```
request=urllib. request. Request(url,headers=headers)
response=urllib. request. urlopen(request)
html=response. read(). decode('utf-8')
```

11.3.2　requests 包

```
#需要完整的网址路径
url='https://jiutugeigei. com'
#部分网站会鉴别是否为爬虫而禁止访问,可以使用 headers 伪装,但是目前大多数网站不会鉴别爬虫,会鉴别的话 headers 也有很大概率不成功,随缘参数
headers={
    'user-agent':'Mozilla/5.0 (Linux; Android 6.0; Nexus 5 Build/MRA58N) AppleWebKit/537.36 (KHTML,like Gecko) Chrome/99.0.4844.51 Mobile Safari/537.36'
}

#获取 HttpResponse,即请求响应内容,不用 headers 的话 get 方法为 get(url=url)
response=requests. get(url=url,headers=headers)

#返回文本为乱码时,设置为 utf-8 编码
response. encoding='utf-8'

#正则表达式匹配字符串,response. text 为请求响应的页面内容
#如果正则表达式匹配一条内容,则返回一个字符串集合
#如果正则表达式匹配多条内容,则返回一个数组(数组内同为字符串)集合
items=re. findall('正则表达式',response. text,re. S)

#状态码判断响应是否成功,发生错误时可以辅助判断
print(response. status_code)

#文件路径从当前代码文件开始,w 为写模式,r 为读模式,a 为追加模式
with open('文件路径','w',encoding='utf-8') as f:
    for item in items:
```

```
        #当 items 为字符串集合时
        f. write(
            '弹幕时间:' +item[0]+' ,' +
            '弹幕字号:' +item[1]+' ,' +
            '弹幕颜色:' +item[2]+' ,' +
            '弹幕内容:' +item[3]+' . ' +
            ' \n' )
        #当 items 为数组集合时
        f. write(' 弹幕内容:' +item+' \n' )
```

代码截图如图 11-33 所示。

```
import re

import requests

# cid
url = 'https://comment.bilibili.com/94502832.xml'

response = requests.get(url=url)
response.encoding='utf-8'

items = re.findall('<d p="(.*?),.*?,(.*?),.*?,.*?,.*?,(.*?),.*?,.*?">(.*?)</d>', response.text, re.S)

len = len(items)
for i in range(len-1, 0, -1):
    for j in range(0, i):
        if float(items[j][0]) > float(items[j+1][0]):
            tmp = items[j]
            items[j] = items[j+1]
            items[j+1] = tmp

with open('../files/danmu.txt', 'w', encoding='utf-8') as f:
    for item in items:
        f.write(
            '弹幕时间：'+item[0]+', '+
            '弹幕字号：'+item[1]+', '+
            '弹幕颜色：'+item[2]+', '+
            '弹幕内容：'+item[3]+'. '+
            '\n')
```

图 11-33　代码截图

爬取到的弹幕信息如图 11-34 所示。

11.3.3　页面解析

(1)正则表达式

```
import re
re. findall(' 正则表达式' ,response. text, re. S)
```

```
弹幕时间: 0.80000, 弹幕字号: 25, 弹幕颜色: d91ca68e, 弹幕内容: 这个讲的真的撇.
弹幕时间: 1.39900, 弹幕字号: 25, 弹幕颜色: 8884f917, 弹幕内容: 我没学过指针 我哭了.
弹幕时间: 7.06000, 弹幕字号: 25, 弹幕颜色: af1eb4b4, 弹幕内容: 胖大牛打卡!!!.
弹幕时间: 8.50000, 弹幕字号: 25, 弹幕颜色: 2df0fc41, 弹幕内容: 17.
弹幕时间: 8.72300, 弹幕字号: 25, 弹幕颜色: a3103f1f, 弹幕内容: 头插法挺好.
弹幕时间: 9.34600, 弹幕字号: 25, 弹幕颜色: 5c6d4e6d, 弹幕内容: 老师一开始讲错了，少写了一行代码.
弹幕时间: 10.16200, 弹幕字号: 25, 弹幕颜色: bbf02c2e, 弹幕内容: 头插法.
弹幕时间: 10.17800, 弹幕字号: 25, 弹幕颜色: 3994073e, 弹幕内容: lgp.
弹幕时间: 10.24900, 弹幕字号: 25, 弹幕颜色: 520f339e, 弹幕内容: 这题我想了好久才做出来，第一种方法是定义了两根临时指针，第
弹幕时间: 11.25100, 弹幕字号: 25, 弹幕颜色: 2723e723, 弹幕内容: 用栈可以吧.
弹幕时间: 11.46600, 弹幕字号: 25, 弹幕颜色: 2618a850, 弹幕内容: leetcode206.反转一个单链表.
弹幕时间: 11.51300, 弹幕字号: 25, 弹幕颜色: be500a1, 弹幕内容: 小孟磊学java.
弹幕时间: 12.42000, 弹幕字号: 25, 弹幕颜色: 28fe7f6d, 弹幕内容: 有人吗.
弹幕时间: 12.46800, 弹幕字号: 25, 弹幕颜色: a6903764, 弹幕内容: 来了来了.
弹幕时间: 12.51900, 弹幕字号: 25, 弹幕颜色: cfc5510, 弹幕内容: 可以利用追尾吧.
弹幕时间: 12.59400, 弹幕字号: 25, 弹幕颜色: 9198ffee, 弹幕内容: 2019年408数据结构考题.
弹幕时间: 12.87500, 弹幕字号: 25, 弹幕颜色: 9c03f1f6, 弹幕内容: 这你要是听不懂趁早从计算机转行吧你 拿代码讲已经是最好的解
弹幕时间: 12.91900, 弹幕字号: 25, 弹幕颜色: bd70d99b, 弹幕内容: 这里是 leetcode 206.
弹幕时间: 13.08900, 弹幕字号: 25, 弹幕颜色: 5e462280, 弹幕内容: 看完进腾讯.
弹幕时间: 14.45000, 弹幕字号: 25, 弹幕颜色: e1524d40, 弹幕内容: 递归就完事了.
弹幕时间: 14.98800, 弹幕字号: 25, 弹幕颜色: 6902e64b, 弹幕内容: 尾插变头插?.
弹幕时间: 16.65800, 弹幕字号: 25, 弹幕颜色: 6484394f, 弹幕内容: 武汉加油.
弹幕时间: 18.23800, 弹幕字号: 25, 弹幕颜色: 53cf2d2, 弹幕内容: 这样的题目肯定就是讲讲思路直接来代码更真实啊.
弹幕时间: 19.53500, 弹幕字号: 25, 弹幕颜色: 2618a850, 弹幕内容: 用递归吧.
弹幕时间: 20.33400, 弹幕字号: 25, 弹幕颜色: 48d05270, 弹幕内容: 总是有人喜欢用自己的几年经验来嘲讽刚入门的，笑死.
弹幕时间: 20.42000, 弹幕字号: 25, 弹幕颜色: 6f940dbc, 弹幕内容: 昨天想了一下午终于搞出来了，脑袋都疼.
弹幕时间: 21.62300, 弹幕字号: 25, 弹幕颜色: b6ef2a47, 弹幕内容: 第五题做完leetcode刚刷的.
弹幕时间: 22.13900, 弹幕字号: 25, 弹幕颜色: 2f70f392, 弹幕内容: 第一反应用栈.
弹幕时间: 22.65800, 弹幕字号: 25, 弹幕颜色: 83d637c0, 弹幕内容: 递归.
弹幕时间: 23.26500, 弹幕字号: 25, 弹幕颜色: ff5da64c, 弹幕内容: 答案实在看不懂 来看老师的视频.
弹幕时间: 23.95900, 弹幕字号: 25, 弹幕颜色: 39e2f4f7, 弹幕内容: 用头插法很容易理解，LeetCode上面有类似的题.
弹幕时间: 24.22000, 弹幕字号: 25, 弹幕颜色: 89ec542f, 弹幕内容: 鹅鹅鹅，曲项向天歌.
```

图 11-34　爬取到的弹幕信息

相关参数如图 11-35 所示。

限定符 (Quantifier)

a* a出现0次或多次
a+ a出现1次或多次
a? a出现0次或1次
a{6} a出现6次
a{2,6} a出现2-6次
a{2,} a出现两次以上

或运算符 (OR Operator)

(a|b) 匹配a或者b
(ab)|(cd) 匹配ab或者cd

字符类 (Character Classes)

[abc] 匹配a或者b或者c
[a-c] 同上
[a-fA-F0-9] 匹配小写+大写英文字符以及数字
[^0-9] 匹配非数字字符

元字符 (Meta-characters)

\d 匹配数字字符
\D 匹配非数字字符
\w 匹配单词字符(英文、数字、下划线)
\W 匹配非单词字符
\s 匹配空白符(包含换行符、Tab)
\S 匹配非空白字符
. 匹配任意字符(换行符除外)
\bword\b \b标注字符的边界 (全字匹配)
^ 匹配行首
$ 匹配行尾

贪婪/懒惰匹配 (Greedy / Lazy Match)

<.+> 默认贪婪匹配 “任意字符”
<.+?> 懒惰匹配 “任意字符”

图 11-35　正则表达式相关参数

(2) Xpath

```
from lxml import etree
tree=etree.HTML(response.text)
items=tree.xpath('xpath 表达式,/text()获取标签文本')
```

路径表达式如图 11-36 所示。

选取节点

XPath 使用路径表达式在 XML 文档中选取节点。节点是通过沿着路径或者 step 来选取的。

下面列出了最有用的路径表达式：

表达式	描述
nodename	选取此节点的所有子节点。
/	从根节点选取。
//	从匹配选择的当前节点选择文档中的节点，而不考虑它们的位置。
.	选取当前节点。
..	选取当前节点的父节点。
@	选取属性。

图 11-36　路径表达式

在如图 11-37 所示的表格中，列出了带有谓语的一些路径表达式。

谓语（Predicates）

谓语用来查找某个特定的节点或者包含某个指定的值的节点。

谓语被嵌在方括号中。

实例

在下面的表格中，我们列出了带有谓语的一些路径表达式，以及表达式的结果：

路径表达式	结果
/bookstore/book[1]	选取属于 bookstore 子元素的第一个 book 元素。
/bookstore/book[last()]	选取属于 bookstore 子元素的最后一个 book 元素。
/bookstore/book[last()-1]	选取属于 bookstore 子元素的倒数第二个 book 元素。
/bookstore/book[position()<3]	选取最前面的两个属于 bookstore 元素的子元素的 book 元素。
//title[@lang]	选取所有拥有名为 lang 的属性的 title 元素。
//title[@lang='eng']	选取所有 title 元素，且这些元素拥有值为 eng 的 lang 属性。
/bookstore/book[price>35.00]	选取 bookstore 元素的所有 book 元素，且其中的 price 元素的值须大于 35.00。
/bookstore/book[price>35.00]/title	选取 bookstore 元素中的 book 元素的所有 title 元素，且其中的 price 元素的值须大于 35.00。

图 11-37　实例

(3) BeautifulSoup4

```
from bs4 import BeautifulSoup
```

使用方法：将一个 html 文档，转化为指定对象，然后通过对象的方法或属性去查找指定的内容。

转化本地文件：

```
soup = BeautifulSoup(open('本地文件','lxml'))
```

转化网络文件：

```
soup = BeautifulSoup('字符串类型或字节类型','lxml')
```

1) 根据标签名查找

soup. a 只能找到第一个符合要求的标签。

2) 获取属性

- soup. a. attrs：获取所有的属性和值，返回一个字典。
- soup. a. attrs['href']：获取 href 属性。
- soup. a['href']：也可简写为这种形式。

3) 获取内容

- soup. a. string。
- soup. a. text。
- soup. a. get_text()。

如果标签中还有标签，则 string 获取不到结果，而其他两个可以获取文本内容。

4) find

- soup. find('a')：找到第一个 a。
- soup. find('a',title="xxx")：找到第一个符合要求 title="xxx" 的 a。
- soup. find('a',class_="xxx")：由于 class 是关键字，所以要在后面加一个下划线来转义。

find 的方法不仅 soup 可以调用，普通的 div 对象也可以调用，即在指定的 div 里面查找符合要求的节点；find 找到的都是第一个符合要求的标签。

5) find_all

- div = soup. find('div',class_="tang")。
- div. find_all('a')：找出所有的含有 a 的。
- div. find_all(['a','b'])：找出同时有 a 和 b 的。
- div. find_all('a',limit=2)：找出前 2 个 a。

find_all 找到的是列表，因此需要把里面的元素一个一个地拿出来，然后才可以用['href']之类提取属性的方法。

6) select

根据选择器找到指定的内容。常见的选择器有：标签选择器、类选择器、id 选择器、组合选择器、层级选择器、属性选择器。

标签选择器:a。

类选择器:. dudu。

id 选择器:#lala。

组合选择器:a,. dudu,#lala,. meme。

层级选择器:div,. dudu,#lala,. meme,. xixi,其中 div>p>a>. lala(只限制你下一级,层次结构清晰)。

属性选择器:input[name='lala']。

select 选择器返回的永远是列表,需要通过下标提取指定的对象,然后获取属性和节点,通常是带标签的,要获取内容,参照上面的. text 等。该方法也可以通过普通对象调用,找到的都是这个对象下面符合要求的所有节点。

11.4 数据清洗与数据分析

11.4.1 Pandas

(1) Series

Pandas Series 类似表格中的一个列(column),类似于一维数组,可以保存任何数据类型。Series 由索引(index)和列组成,结构如图 11-38 所示,函数如下:

```
pandas. Series(data,index,dtype,name,copy)
```

参数说明:

- data:一组数据(ndarray 类型)。
- index:数据索引标签,如果不指定,默认从 0 开始。
- dtype:数据类型,默认会自己判断。
- name:设置名称。
- copy:拷贝数据,默认为 False。

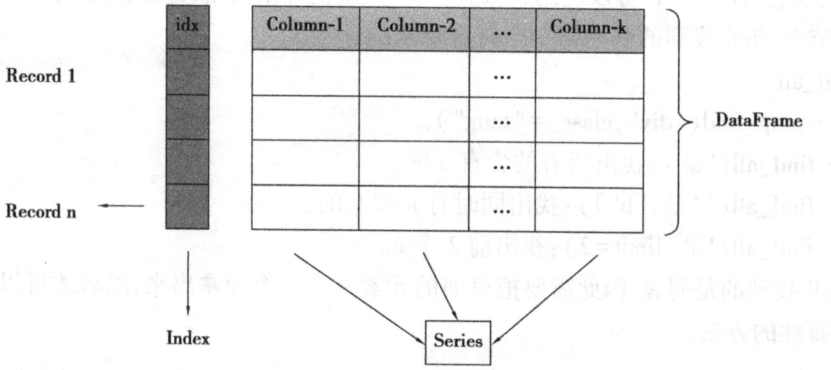

图 11-38 Series 结构

(2) DataFrame

DataFrame 是一个表格型的数据结构,它含有一组有序的列,每列可以是不同的值类型

(数值、字符串、布尔型值)。DataFrame 既有行索引也有列索引,它可以被看作由 Series 组成的字典(共同用一个索引),其对比如图 11-39 所示。Pandas DataFrame 是一个二维的数组结构,类似二维数组。

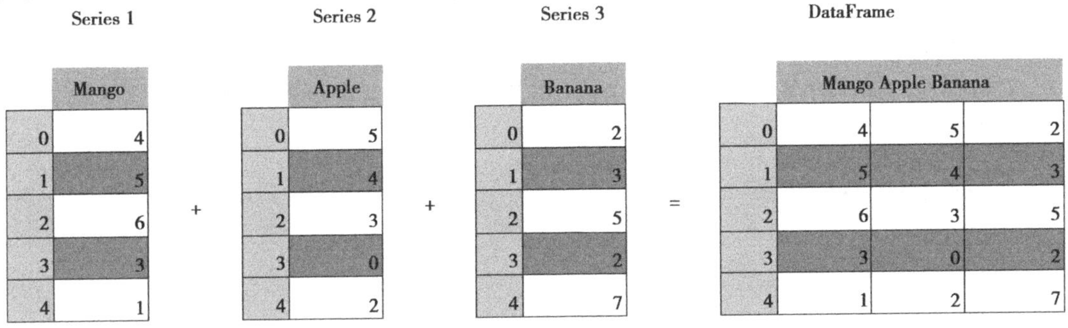

图 11-39　Series 与 DataFrame 对比图

DataFrame 构造方法如下:

```
pandas. DataFrame(data,index,columns,dtype,copy)
```

参数说明:

- Data:一组数据(ndarray、series,map,lists,dict 等类型)。
- index:索引值,或者可以称为行标签。
- columns:列标签,默认为 RangeIndex(0,1,2,…,n)。
- dtype:数据类型。
- copy:拷贝数据,默认为 False。

普通方法:

- head():不添加参数时,默认打印前 5 行。
- tail():不添加参数时,默认打印后 5 行。
- info():打印表格基本信息。

11.4.2　基础操作

(1)读取文件

读取纯文本文件:read_csv()。

参数 sep,设置切割字符串(读取 txt 文件时必须设置该值);参数 header,None(没有标题行);参数 names 设置标题;同时可以使用 to_csv()方法输出结果至 csv 文件中。

读取表格文件:read_excel();读取数据库文件:read_sql();读取 json 文件:read_json()。

(2)查询数据

loc()方法:根据行、列标签值查询。使用单个 label 查询数据;使用值列表批量查询;使用数值区间进行范围查询;使用条件表达式查询;调用函数查询。

```
import pandas as pd
lines=pd. read_csv('../files/danmu. csv',sep=",",names=['time','size','color',
'text'])
```

```
print(lines.head())
lines.set_index('time',inplace=True)
print(lines.index)
```

(3)操作数据

对数据值的操作有多种,如删除冗余值(重复的数据),查看是否有缺失值,删除缺失值,补充缺失值。

```
import pandas as pd


lines=pd.read_csv('../files/Source-C.csv',sep=",",names=['time','size','color',
'text'])
# lines["size"]=lines["size"].str.split(".",expand=True)[0]
print(lines.head())
#参数设为 subset=["学号"]重复的就会删除,但是在这里面当有多个空值时也会被判
定为重复值
lines=lines.drop_duplicates(subset=["text"])
#查找是否有缺失值
print(lines.isnull().any()) #判断是否含有空值,加 any()可以按列查看,返回值为字
符串
# na,即 NaN
lines=lines.fillna({"time":"0.00","size":"25","color":"00000000"})
#删除缺失值,参数 how="all",即除索引外全缺失则删除
lines.dropna(how='all')
#分割列内字符串,会按方式分裂为多列,可通过[下标]来选择
lines.to_csv(path_or_buf="../files/Clear-C.csv",index=False) # header=False,设置
是否有首列
```

(4)清洗数据

如果要删除包含空字段的行,可以使用 dropna()方法,语法格式如下:

```
DataFrame.dropna(axis=0,how='any',thresh=None,subset=None,inplace=False)
```

参数说明:

- axis:默认为 0,表示逢空值剔除整行,如果设置参数 axis=1 表示逢空值去掉整列。
- how:默认为'any',如果一行(或一列)里任何一个数据有出现 NA 就去掉整行,如果设置 how='all',则一行(或列)都是 NA 才去掉这整行。
- thresh:设置需要多少非空值的数据才可以保留下来。
- subset:设置想要检查的列。如果是多个列,可以使用列名的 list 作为参数。
- inplace:如果设置 True,将计算得到的值直接覆盖之前的值并返回 None,修改的是源数据。

(5)补全缺失值

Pandas 使用 mean()、median()和 mode()方法计算列的均值(所有值加起来的平均值)、中位数值(排序后排在中间的数)和众数(出现频率最高的数)。

11.4.3　NumPy

(1)中文分词工具 jieba

统计词频并保存,统计词频需要用到 jieba 包。示例如下:

```
from collections import Counter
import numpy as np

filepath="../files/Clear-C.csv"
with open(filepath,'r',encoding='utf-8') as f:
    #错误示例:
    #默认情况下,数据被认为是 float 类型,因此,在上面读取 csv 文件第 1 行时,遇
到'X'
    #尝试进行数据类型转换,转换失败报错,
    # data=np.loadtxt(f,delimiter=",")

    #正确示例:
    #可以使用 str 参数,让方法读取数据时,支持 str 类型。
    # skiprows 跳过行,为 1 时即跳过首行
    # usecols 参数介绍一个元组,元组里面用列索引来指定输入特定的列,从 0 开始
    data=np.loadtxt(f,str,delimiter=",",skiprows=1,usecols=(0,2,3))
    print(data)
    #切片取行列
print('\n',data[1,2]) #2 行 3 列
print('\n',data[1]) #取出第 2 行
print('\n',data[:,2]) # 取出第 3 列
#统计个数
count=Counter(data[:,1])
print(count)
with open('../files/Count-C.csv','w') as f:
    for key in count:
        f.write("%s,%s\n" % (key,count[key]))
```

其中,jieba.lcut()参数为字符串,返回值为根据词库分割好的字或词的数组;Counter()参数为数组,返回值为字典,键为词,值为出现次数。

分词时还需要去除停用词。在信息检索中,为节省存储空间和提高搜索效率,在处理自然语言数据(或文本)之前或之后会自动过滤掉某些字或词,这些字或词即被称为 Stop Words

(停用词)。具体实例如下:

```
import jieba
import numpy as np

with open('../files/Clear-C.csv','r',encoding='utf-8') as f:
    datas=np.loadtxt(f,str,delimiter=",",skiprows=1,usecols=(0,2,3))
    str=""
    for data in datas[:,2]:
        str+=data

word=Counter(jieba.lcut(str))
print(word)
arr=[".",'的',',',' ','。','了','是','？','！','啊','=','吧','吗',
    '把','/','(',')','(',')']
for i in list(word):
    if i in arr:
        del word[i]
with open('../files/Plot-C.csv','w',encoding='utf-8') as f:
    for i in word:
        f.write("%s:%s\n" % (i,word[i]))
```

(2) Ndarray

NumPy 最重要的一个特点是其 N 维数组对象 ndarray,它是一系列同类型数据的集合,以 0 下标为开始进行集合中元素的索引。Ndarray 对象是用于存放同类型元素的多维数组。Ndarray 中的每个元素在内存中都有相同存储大小的区域。

Ndarray 内部由以下内容组成:一个指向数据(内存或内存映射文件中的一块数据)的指针;数据类型或 dtype,描述在数组中的固定大小值的格子;一个表示数组形状(shape)的元组,表示各维度大小的元组;一个跨度元组(stride),其中的整数指的是为了前进到当前维度下一个元素需要"跨过"的字节数。

Ndarray 的内部结构如图 11-40 所示。

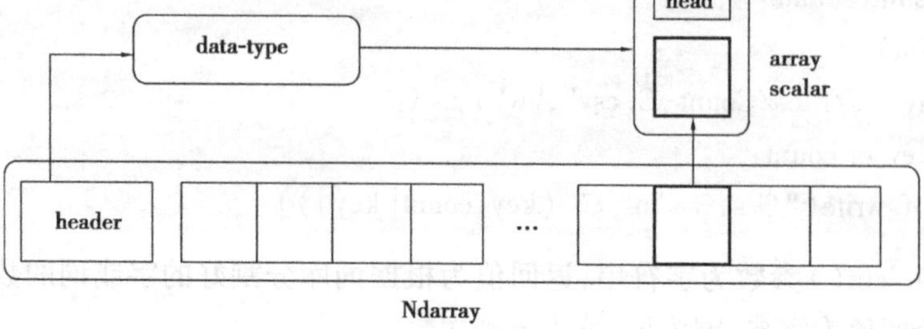

图 11-40　Ndarray 的内部结构

跨度可以是负数，这样会使数组在内存中后向移动，切片中 obj[::-1] 或 obj[:,::-1] 就是如此。创建一个 ndarray 只需调用 NumPy 的 array 函数即可：

```
numpy.array(object,dtype=None,copy=True,order=None,subok=False,ndmin=0)
```

参数说明：

- 名称：描述。
- object：数组或嵌套的数列。
- dtype：数组元素的数据类型，可选。
- copy：对象是否需要复制，可选。
- order：创建数组的样式，C 为行方向，F 为列方向，A 为任意方向（默认）。
- subok：默认返回一个与基类类型一致的数组。
- ndmin：指定生成数组的最小维度。

11.5　数据可视化

11.5.1　Wordcloud

Wordcloud 是一个词云生成器，只要进行相关的配置就能生成相应的词云。Wordcloud 必须与 Python 版本相符，使用中发生错误可尝试重启，如果字符串包含中文，则必须引入相关字体包。

"词云"就是对网络文本中出现频率较高的"关键词"予以视觉上的突出，形成"关键词云层"或"关键词渲染"，从而过滤掉大量的文本信息，使浏览网页者只要一眼扫过文本就可以领略文本的主旨。词云就是数据可视化的一种形式。给出一段文本的关键词，根据关键词的出现频率而生成的一幅图像，人们只要扫一眼就能够明白文章主旨。

```
import jieba
import numpy as np
import wordcloud

with open('../files/Clear-C.csv','r',encoding='utf-8') as f:
    datas=np.loadtxt(f,str,delimiter=",",skiprows=1,usecols=(0,2,3))
    str=""
    for data in datas[:,2]:
        str+=data
wc=wordcloud.WordCloud(font_path="../files/FZSJ-LXQWTJW.TTF",width=1024,
height=768,background_color="white",margin=10)
wc.generate("".join(jieba.lcut(str)))
wc.to_file("../files/cloud.png")
```

11.5.2 matplotlib

(1)常用统计图

- 折线图:展现变化趋势,反映变化情况。
- 直方图:连续型数据,展示一组或多组数据的分布状况。
- 条形图:连续离散的数据,能迅速观察出数据的大小与差别。
- 散点图:判断变量间是否存在关联趋势,展示离群点。

(2)实现方法

①plot()按坐标点绘制折线图。

plt. plot(x,y_1,label='me',color="orange",linestyle=":",linewidth=2)。示例如下:

```
import matplotlib. pyplot as pltimport numpy as np
x_axis_data=[1,2,3,4,5,6,7] #x
y_axis_data=[68,69,79,71,80,70,66] #y
plt. plot(x_axis_data,y_axis_data,'b*--',alpha=0.5,linewidth=1,label='acc')
#'bo-'表示蓝色实线,数据点实心原点标注## plot 中参数的含义分别是横轴值,纵轴值,线的形状('s'方块,'o'实心圆点,'*'五角星…,颜色,透明度,线的宽度和标签)
plt. legend()  #显示上面的 label
plt. xlabel('time') #x_label
plt. ylabel('number')#y_label
#plt. ylim(-1,1)#仅设置 y 轴坐标范围
plt. show()
```

②直方图(Histogram),又称质量分布图,是一种统计报告图,由一系列高度不等的条纹表示数据分布的情况。一般用横轴表示数据类型,纵轴表示分布情况。

直方图的绘制,使用的是 plt. hist 方法来实现,该方法的参数如下:

- x:数组或者可以循环的序列。直方图将会从这组数据中进行分组。
- bins:数字或者序列(数组/列表等)。如果是数字,代表的是要分成多少组。如果是序列,那么就会按照序列中指定的值进行分组。比如 [1,2,3,4],那么分组的时候会按照3个区间分成3组,分别是 [1,2)/[2,3)/[3,4]。
- range:元组或者 None,如果为元组,那么指定 x 划分区间的最大值和最小值。如果 bins 是一个序列,那么 range 有没有设置没有任何影响。
- density:默认是 False,如果等于 True,那么将会使用频率分布直方图。每个条形表示的不是个数,而是频率/组距(落在各组样本数据的个数称为频数,频数除以样本总个数为频率)。
- cumulative:如果这个和 density 都等于 True ,那么返回值的第一个参数会不断地累加,最终等于1。

例:有一组电影票房时长,想要看下这组票房时长的数据,那么可以通过以下代码来实现。

```
import matplotlib.pyplot as plt
import numpy as np
import pandas as pd

durations=[131,98,125,131,124,139,131,117,128,108,135,138,131,102,107,
114,119,128,121,142,127,130,124,101,110,116,117,110,128,128,115,99,136,
126,134,95,138,117,111,78,132,124,113,150,110,117,86,95,144,105,126,
130,126,130,126,116,123,106,112,138,123,86,101,99,136,123,117,119,105,
137,123,128,125,104,109,134,125,127,105,120,107,129,116,108,132,103,136,
118,102,120,114,105,115,132,145,119,121,112,139,125,138,109,132,134,
156,106,117,127,144,139,139,119,140,83,110,102,123,107,143,115,136,118,
139,123,112,118,125,109,119,133,112,114,122,109,106,123,116,131,127,115,
118,112,135,115,146,137,116,103,144,83,123,111,110,111,100,154,136,100,
118,119,133,134,106,129,126,110,111,109,141,120,117,106,149,122,122,110,
118,127,121,114,125,126,114,140,103,130,141,117,106,114,121,114,133,
137,92,121,112,146,97,137,105,98,117,112,81,97,139,113,134,106,144,
110,137,137,111,104,117,100,111,101,110,105,129,137,112,120,113,133,112,
83,94,146,133,101,131,116,111,84,137,115,122,106,144,109,123,116,111,111,
133,150]
plt.figure(figsize=(15,5))
nums,bins,patches=plt.hist(durations,bins=20,edgecolor='k')
plt.xticks(bins,bins)
for num,bin in zip(nums,bins):
    plt.annotate(num,xy=(bin,num),xytext=(bin+1.5,num+0.5))
plt.show()
```

运行结果如图 11-41 所示。

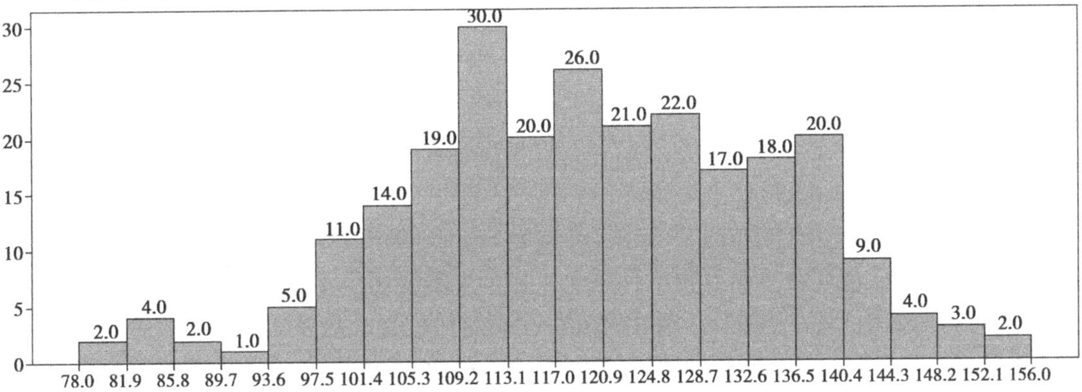

图 11-41　电影票房时长统计

③条形图的绘制方式跟折线图非常类似,只不过是换成了 plt. bar 方法。

plt. bar 方法有以下常用参数:

- x:一个数组或者列表,代表需要绘制的条形图的 x 轴的坐标点。
- height:一个数组或者列表,代表需要绘制的条形图 y 轴的坐标点。
- width:每一个条形图的宽度,默认是 0.8 的宽度。
- bottom:y 轴的基线,默认是 0,也就是距离底部为 0。
- align:对齐方式,默认是 center,也就是跟指定的 x 坐标居中对齐,还可以设置为 edge,靠边对齐,具体靠右边还是靠左边,由 width 的正负确定。
- color:条形图的颜色。

例:有 2019 年贺岁片票房的数据,票房单位亿元,用条形图绘制每部电影及其票房。

```
movies={
    "流浪地球":40.78,
    "飞驰人生":15.77,
    "疯狂的外星人":20.83,
    "新喜剧之王":6.10,
    "廉政风云":1.10,
    "神探蒲松龄":1.49,
    "小猪佩奇过大年":1.22,
    "熊出没·原始时代":6.71}
x=list(movies.keys())
y=list(movies.values())
plt.figure(figsize=(15,5))
#plt.bar(x,y,width=-0.3,align="edge",color='r',edgecolor='k')
movie_df=pd.DataFrame(data={"names":list(movies.keys()),"tickets":list(movies.
values())})
plt.bar("names","tickets",data=movie_df)
plt.xticks(fontproperties=font,size=12)
plt.yticks(range(0,45,5),["%d 亿"%x for x in range(0,45,5)],fontproperties=font,
size=12)
plt.grid()
```

运行结果如图 11-42 所示。

④散点图,又名点图、散布图、X-Y 图,英文为 Scatter plot 或 Scatter gram。散点图将所有的数据以点的形式展现在平面直角坐标系上。它至少需要两个不同变量,一个沿 x 轴绘制,另一个沿 y 轴绘制。每个点在 x、y 轴上都有一个确定的位置。众多的散点叠加后,有助于展示数据集的"整体景观",从而帮助我们分析两个变量之间的相关性,或找出趋势和规律。

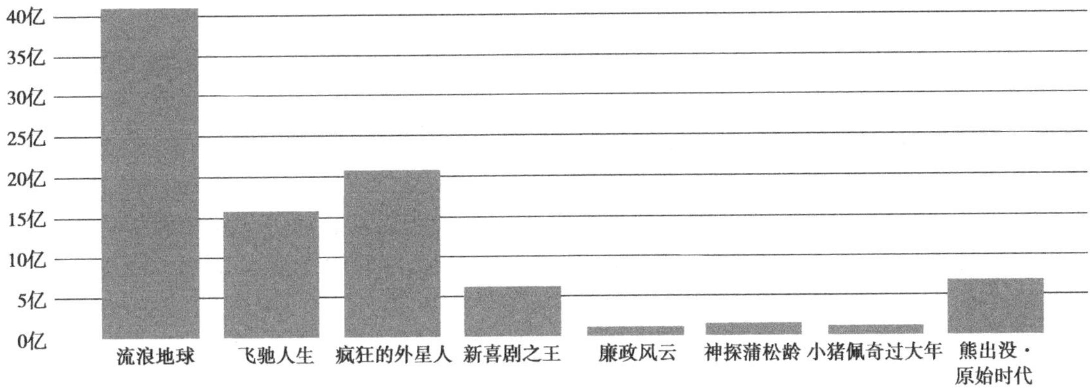

图 11-42　2019 年贺岁片票房

```
import matplotlib.pyplot as plt
plt.style.use('fivethirtyeight')
price=[2.50,1.23,4.02,3.25,5.00,4.40]
sales_per_day=[34,62,49,22,13,19]
plt.scatter(price,sales_per_day)
plt.title('价格和销量的关系')
plt.xlabel('价格')
plt.ylabel('销量')
plt.tight_layout()
plt.show()
```

代码执行后得到的图形如图 11-43 所示。

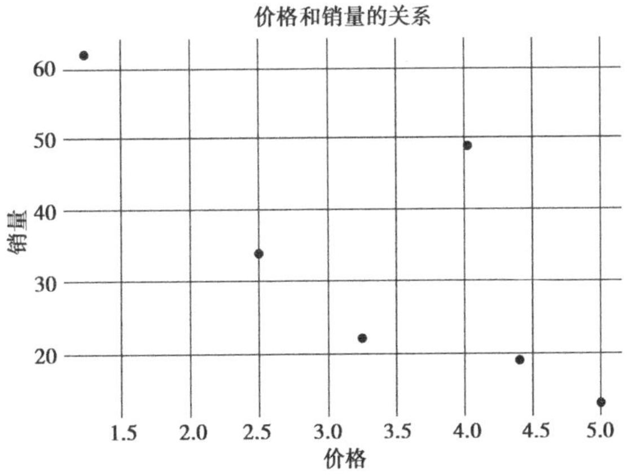

图 11-43　散点图展现价格与销量的关系

【评分办法】

竞赛满分为 100 分。竞赛项目内容如下：

产品需求文档(30%)：产品需求文档重点考核参赛选手对产品的理解能力以及对产品的

主要功能流程的梳理。

程序开发(20%):程序开发模块重点考核参赛选手针对实际问题的程序编程及数据库使用的能力。

数据清洗(15%):数据清洗模块重点考核参赛选手处理数据缺失、数据去重、数据转换及数据集成的能力。

数据分析(15%):数据分析模块重点考核参赛选手对 Python 高级特性和数据分析软件包掌握的程度,并应用其进行简单与复杂的数据分析的能力,以及考查选手基于实际应用选择分析的能力。

数据可视化(20%):数据可视化模块重点考核参赛选手能够选择合适的图形表示数据分析结果的能力,包括基本图形和高级图形。

参考文献

[1]徐明. 人工智能开源硬件与 Python 编程实践[M]. 重庆:重庆大学出版社,2020.

[2]王娟,华东,罗建平. Python 编程基础与数据分析[M]. 南京:南京大学出版社,2019.

[3]黄红梅,张良均. Python 数据分析与应用[M]. 北京:人民邮电出版社,2018.

[4]王学军,胡畅霞,韩艳峰. Python 程序设计[M]. 北京:人民邮电出版社,2018.

[5]黑马程序员. Python 快速编程入门[M]. 2 版. 北京:人民邮电出版社,2020.

[6]闫俊伢,等. Python 编程基础[M]. 北京:人民邮电出版社,2016.

[7]赵英良. Python 程序设计[M]. 北京:人民邮电出版社,2016.

[8]刘浪. Python 基础教程[M]. 北京:人民邮电出版社,2015.